藏西北高寒牧区生态系统演变特征

主　编　边　多
副主编　拉　巴　罗　布　卓　玛

气象出版社
China Meteorological Press

内容简介

藏西北高寒牧区位于青藏高原腹地,是青藏高原生态安全屏障区的重要组成部分。为全面系统地理解和掌握该区域的生态环境变化特征,项目组编写了《藏西北高寒牧区生态系统演变特征》一书。该书共分 7 章,分别从气候、草地植被、冰川、积雪和冻土等的时空变化特征和区域生态功能区划,以及应对措施和对策建议方面开展研究,阐述了藏西北高寒牧区典型生态系统的时空变化特征,分析了变化机理。

本书可供气象、生态环境、农牧业、林业、自然资源等部门从事气候和气候变化相关研究的专业人员参考,也可供各级政府部门决策时参阅。

图书在版编目（ＣＩＰ）数据

藏西北高寒牧区生态系统演变特征 / 边多主编. --
北京 ： 气象出版社， 2022.12
　　ISBN 978-7-5029-7894-5

　　Ⅰ．①藏… Ⅱ．①边… Ⅲ．①寒冷地区－牧区－生态
环境－演变－特征－西藏 Ⅳ．①X322

中国版本图书馆CIP数据核字(2022)第250513号

藏西北高寒牧区生态系统演变特征
ZANG XIBEI GAOHAN MUQU SHENGTAI XITONG YANBIAN TEZHENG

出版发行：气象出版社		
地　　址：北京市海淀区中关村南大街 46 号	**邮政编码：**100081	
电　　话：010-68407112(总编室)　010-68408042(发行部)		
网　　址：http://www.qxcbs.com	**E-mail：**qxcbs@cma.gov.cn	
责任编辑：蔺学东	**终　　审：**张　斌	
责任校对：张硕杰	**责任技编：**赵相宁	
封面设计：楠竹文化		
印　　刷：北京建宏印刷有限公司		
开　　本：787 mm×1092 mm　1/16	**印　　张：**8.5	
字　　数：220 千字		
版　　次：2022 年 12 月第 1 版	**印　　次：**2022 年 12 月第 1 次印刷	
定　　价：80.00 元		

《藏西北高寒牧区生态系统演变特征》
编 委 会

主　　编：边　　多

副 主 编：拉　巴　罗　布　卓　　玛

编　　委（按姓氏拼音排序）：

白玛仁增　白玛央宗　边巴次仁　次丹卓玛

次　　旺　次旺顿珠　德吉央宗　顿玉多吉

格桑丹增　拉巴卓玛　拉　　珍　李　　林

牛 晓 俊　平措旺旦　益西卓玛　曾　　林

扎西欧珠　扎西央宗　张 伟 华

编写单位：西藏自治区气候中心

前　言

当前全球气候与环境变化问题已受到广泛关注。西藏素有"地球第三极"之称,具有生态上的特殊战略地位,其生态状况直接关系到青藏高原乃至国家的生态安全。而藏西北高寒牧区作为西藏乃至全国生态环境最为脆弱且敏感的区域之一,在全球气候变化背景下,面临着冰川退缩、湖泊增涨、冻土融化、雪线上升等生态环境问题。目前对于藏西北高寒牧区生态环境演变的研究还很少,一方面是由于这里几乎是无人区和可可西里、羌塘、色林错等国家级自然保护区,很少有研究关注其生态环境变化;另一方面,这一区域的研究资料匮乏也是重要原因。

随着第二次青藏高原综合科学考察研究的启动,对藏西北高寒牧区的关注越来越多,同时卫星遥感技术的发展和应用水平的提高为研究藏西北高寒牧区的生态系统演变特征带来极大方便。

本书主要利用气候要素和卫星遥感数据,研究分析了藏西北地区气候要素、草地植被、湖泊和冰川冻土等时空变化特征。本书共分为 7 章:第 1 章为绪论;第 2 章为藏西北高寒牧区气候要素特征,较全面地分析了研究区的气温、降水、蒸发、风速等气象要素变化特征;第 3 章为藏西北高寒牧区草地生态系统,从草地覆盖度和草地净初级生产力等指标科学地分析了地表植被的时空变化特征,从自然因素、人类措施(禁牧、人工种草)等角度开展了草地退化机理研究并进行了预估;第 4 章为藏西北高寒牧区湖泊变化特征,重点分析了区域内色林错等六个典型湖泊的动态变化情况;第 5 章为藏西北高寒牧区冰冻圈的变化,主要包括冰川、冻土、积雪等变化特征;第 6 章为藏西北高寒牧区生态功能区划,制作了雪灾危险、冻融侵蚀分级、自然灾害危险、生态系统脆弱性、沙漠化脆弱性、生态系统重要性、生物多样性保护等功能区划图并做了综合评价;第 7 章为应对措施及建议。

本书得到了第二次青藏高原综合科学考察项目(2019QZKK0105-0106)、

西藏自治区科技厅重点项目"藏北典型生态区生态环境遥感监测评估"（XZ201703-GA-01）的资助。本书在编写出版过程中，得到了西藏自治区气象局领导和西藏自治区气候中心同事的大力支持和帮助，谨此一并致谢！

编　者
2022 年 5 月

摘　　要

　　为了全面掌握气候变暖这一大背景下藏西北高寒牧区生态环境系统的演变过程,首先对研究区域的气温、降水、风速这三个重要的气候因子进行了分析,结果表明:近几十年来研究区年均气温呈显著上升趋势($P<0.001$),其倾向率为 0.45℃/10a,明显高于全国平均增温倾向率,略低于同期西藏自治区增温倾向率 0.49 ℃/10a;从季节尺度分析,四季均呈显著升温趋势($P<0.001$),其变化幅度顺序为冬季>秋季>夏季>春季。降水量表现出明显的年际振荡,年均降水量以 6.48 mm/10a 速率呈不显著上升,略低于同时期西藏自治区 8.28 mm/10a 的上升速率;从季节尺度分析,春季降水呈显著上升趋势($P<0.05$),其倾向率为 5.07 mm/10a,降水量的变化在空间上表现为"西升东降"的趋势分布,即西部地区降水每年有 2～10 mm 的增多趋势,东部地区每年有 1～9 mm 的减少趋势,其中那曲和改则的增幅超过 0.05 的显著性检验。区域内多年平均风速为 3.25 m/s,平均风速最大月份为 3 月,最小为 9 月,风速呈极显著减小趋势($P<0.001$),其倾向率为 −0.27 m/(s・10a),略高于(绝对值)西藏自治区减小趋势 −0.24 m/(s・10a);从季节和月际尺度分析,各季均呈显著减小趋势,减小幅度依次为春季>冬季>夏季>秋季。另外,降水和气温的变化具有较显著的准 3 年"冷暖"和"干湿"交替的周期变化。

　　研究草地覆盖度表明:藏西北高寒牧区草地覆盖度等级呈正态分布,且中等偏下略多,地表植被总体上较为稀疏,截至 2005 年,草地退化总面积为 14.19 万 km²,占区域天然草地总面积的 39.64%,其中轻度退化面积最多,占退化总面积的 65.96%,其次是中度和重度退化,分别占 25.20% 和 8.84%,但是从 2009 年起草地退化有所缓解。从空间分布来看,处于显著、轻微退化区域的植被位于东部和东南部区域,主要的县有班戈县和申扎县近一半区域,那曲县大部、聂荣县大部,以及巴青、索县、比如和嘉黎各县部分区域;中西部和北部的植被变化幅度较小,大部分处于稳定状态,部分区域也出现了改善的情况,主要为尼玛、申扎和安多县。草地退化的主要原因,一是与近年来该区域的气候变化有关,二是草地超载率达到 59.18%,过度放牧引起的草地退化和沙化现象也越来越严重,这是局部草地退化的根本原因,人口的增加和人类活动频繁对草场的破坏,也是近年来草地退化的主要原因。虽然草地覆盖度有退化的现象和趋势,但是作为衡量草地生态系统优劣的另一重要参数——净初级生产力却有略微的上升趋势,平均 NPP 每年增加速率为 0.54%,上升区域占总面积的 71.9%,仅中部局部区域呈下降趋势;分析气候因子对 NPP 的影响大小发现区域内降水的影响占主导因子,且随着纬度的升高影响越来越大,气温仅在东部小片区域影响相对更为重要;预估气候变化下 NPP 变化趋势发现,在三种排放情景下(RCP2.6、RCP4.5、RCP8.5)研究区 NPP 平均状态几乎没有变化,其影响仅限于研究区东南部的较高净初级生产力有较小的改善作用,改善作用大小依次为高浓度排放≈中浓度排放>低浓度排放,表明气候变暖对研究区 NPP 改善作用有限。

利用 2018 年高分卫星和 1972—2017 年 Landsat 遥感数据对藏西北高寒牧区内的 5 个大型湖泊进行遥感动态监测分析发现:几大湖泊均表现为扩张趋势,其中,2018 年色林错湖面面积为 2373.18 km²,较 1975 年(1621.77 km²)扩张 46.33%;纳木错湖面面积为 2011.01 km²,较 1975 年(1946.6 km²)扩张 3.31%;扎日南木错湖面面积达 1026.07 km²,为近 44 年的最大值,较 1975 年(999.61 km²)扩张 2.65%;当惹雍错湖面面积达到 858.24 km²,较 1977 年扩大了 3.51%;塔若错湖面面积 497.99 km²,较 1972 年(489.66 km²)扩张 1.70%。

监测研究冰冻圈生态系统变化发现:冰冻圈各子系统在近几十年大多呈现出退化和萎缩趋势,冰川方面:1976—2018 年 43 a 间申扎杰岗日冰川面积减小率为 29.93%;1973—2018 年 46 a 间普若岗日冰川面积减少了 78.47 km²,平均每年减少 1.71 km²;1976—2017 年 42 a 间杰马央宗冰川面积共减少了 1.49 km²;1977—2018 年间境内的古里雅冰川面积减少率为 1.89%;1989—2017 年木戈嘎布冰川面积减少率为 4.39%;1989—2018 年藏色岗日冰川面积减少率为 5.67%;1989—2016 年玛衣岗日冰川面积有所增加,面积减少率为 7.16%。冻土方面:近几十年来,冻土层融化,活动层厚度增加,融化期明显提前,分析其冻融作用发现,冻土层在融化和结冰期时与上层大气进行充分的热量和水分的交换,从而影响当地的天气与气候系统,冻土的类似"呼吸"作用对高原热源产生影响。积雪方面:研究区大部分区域积雪面积呈减小趋势,其中安多县、双湖县、改则县、班戈县、申扎县和当雄县积雪面积减少最明显,尤其是纳木错周围积雪面积显著减少,革吉县、仲巴县、措勤县、萨嘎县和嘉黎县积雪面积整体上呈增加趋势;研究区常年平均积雪日数为 51.3 d。但是从 20 世纪 90 年代末期开始减幅明显,38 a 间平均每 10 a 减少 9.8 d,同样,积雪深度也有较明显的减少趋势,平均每 10 a 减少 0.6 cm。

最后,根据对藏西北高寒牧区生态环境的监测研究结果,鉴于冰川退缩、冻土融化、湖泊面积增涨等环境因素的改变大多归因于气候系统的改变,人为的保护目前还很难起到实质性作用,所以针对草地资源的保护提出了 7 条可以参照的措施建议以及国外的一些先进措施予以借鉴。

目　录

前　言

摘　要

第1章　绪　论 ··· 1

第2章　藏西北高寒牧区气候要素特征 ······················· 4

2.1　藏西北高寒牧区气候特征 ································· 6

2.2　藏西北高寒牧区基本气候要素变化特征 ············· 7

2.3　藏西北高寒牧区基本气候要素四季特征 ············· 18

第3章　藏西北高寒牧区草地生态系统 ······················· 19

3.1　草地覆盖度 ·· 21

3.2　草地净初级生产力 ··· 35

3.3　机理研究及未来预估 ······································· 42

第4章　藏西北高寒牧区湖泊变化特征 ······················· 51

4.1　色林错 ··· 52

4.2　纳木错 ··· 53

4.3　扎日南木错 ·· 55

4.4　当惹雍错 ·· 56

4.5　塔若错 ··· 57

4.6　其香错 ··· 59

第 5 章　藏西北高寒牧区冰冻圈的变化 ………………………………………… 61

5.1　冰川 ……………………………………………………………………… 61

5.2　冻土 ……………………………………………………………………… 73

5.3　积雪 ……………………………………………………………………… 85

第 6 章　藏西北高寒牧区生态功能区划 ………………………………… 90

6.1　生态系统和藏西北高寒牧区生态功能 ……………………… 90

6.2　综合评价 ……………………………………………………………… 98

第 7 章　应对措施及建议 ………………………………………………… 101

参考文献 ………………………………………………………………………… 106

附录　国内外常用卫星简介 ………………………………………………… 111

第1章 绪 论

　　人因自然而生,人与自然是生命共同体,人类对大自然的伤害最终会伤及人类自身。生态环境没有替代品,用之不觉,失之难存。在人类发展史上特别是工业化进程中,曾发生过大量破坏自然资源和生态环境的事件,酿成惨痛教训。党的十八大以来,习近平总书记反复强调生态环境保护和生态文明建设,强调"要把生态环境保护放在更加突出位置,像保护眼睛一样保护生态环境,像对待生命一样对待生态环境",就是因为生态环境是人类生存最为基础的条件,是我国持续发展最为重要的基础。

　　一方面,藏西北高寒牧区作为青藏高原"亚洲水塔"的核心区域,其生态资源极其丰富,分布有西藏最大的湖泊、中纬度地区最大的大陆型冰川、面积最广的永久性冻土、同时也是我国高寒草地分布面积最广的地区。另一方面,藏西北高寒牧区作为西藏乃至全国生态环境最为脆弱且敏感的区域,其生态环境在全球气候变化的大背景下正发生着深刻的变化,冰川退缩、湖泊扩张、草地退化、冻土融化、雪线上升等生态环境的变化正改变着这里原本脆弱的生态系统,但是目前对于藏西北高寒牧区的生态环境演变的研究还很少,首先是由于这里几乎是无人区和可可西里、羌塘、色林错等国家级自然保护区,很少有研究关注这一区域的生态环境变化,其次,这一区域的研究资料匮乏也是另一重要原因。

　　随着国家西部大开发战略以及"一带一路"倡议的提出和构建国家生态安全屏障的需要,对藏西北高寒牧区这一特殊地区的关注越来越多,同时遥感技术的发展和应用水平的提高、中国科学院青藏高原研究所等科研院校对野外科考的加强也大大丰富了基础数据的容量。这对研究藏西北高寒牧区的生态系统演变特征带来了极大方便。

　　本书将作者在近十几年来对藏西北高寒牧区生态环境系统方面所做的研究进行归纳总结基础上,对应对气候变化给生态环境可能带来的影响给出了简要的建议。共有六个部分组成,分别是气候要素的变化特征、草地生态系统变化特征、湖泊变化特征、冰冻圈变化特征、生态功能区划以及应对措施及建议。

　　藏西北高寒牧区地处西藏自治区的西北部,位于东经 80.33°—94.93°,北纬28.76°—

36.49°,包括拉萨市的当雄县,日喀则市的仲巴县和萨嘎县,那曲市的色尼区、嘉黎、聂荣、安多、申扎、班戈、巴青、尼玛、双湖以及阿里地区的革吉、改则和措勤15个县(区),土地总面积约60万 km²,约占自治区面积的50%(图1.1)。该地区草地是西藏自治区最重要、面积最大的生态系统,主要以高寒草原类和高寒荒漠类草地为主,也是广阔藏西北高寒牧区广大牧民群众生存生活的物质基础。藏西北高寒牧区地处青藏高原腹地,平均海拔在4500 m以上(图1.2),气温低、降水少,大多属于高原亚寒带干旱、半干旱气候区。在极其辽阔的高原面上,排列着唐古拉山、冈底斯山、念青唐古拉山、喜马拉雅山、昆仑山等数个近东西向的巨大山系。总的地势由西北向东南倾斜,依其大地构造单元和地貌形态可分为昆仑山地区、北部羌塘高原湖盆区、南羌塘大湖区、冈底斯—念青唐古拉山地和喜马拉雅北麓湖盆区5个地貌单位。土壤以沙嘎土、高山漠土为主要类型;表现为类型结构简单、土壤质地粗糙、有机质含量低、土壤生草过程微弱等特征。地表草地总的特征是:①草地面积辽阔、类型单调;②草地群落种类成分单调,结构简单,系统脆弱;③牧草产量低,但质量高;④草地类型分布具有明显的地带性等特点。

该区域内湖泊星罗棋布,大小不同湖泊有580多个,其中面积在200 km²以上的湖泊有14个,面积在1000 km²以上的湖泊有2个,分别是色林错(2209 km²)和纳木错(2018 km²)。按照1:10万中国冰川编目分布,该区域有大小不同冰川6196余条,总面积达7384.98 km²。

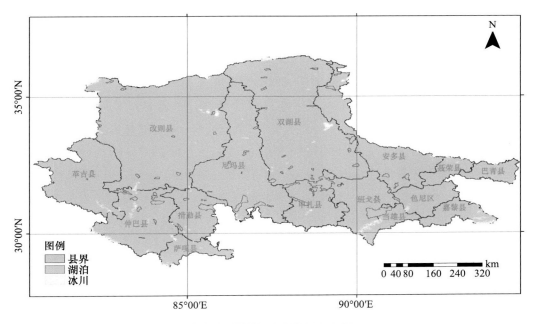

图1.1　藏西北高寒牧区分布图

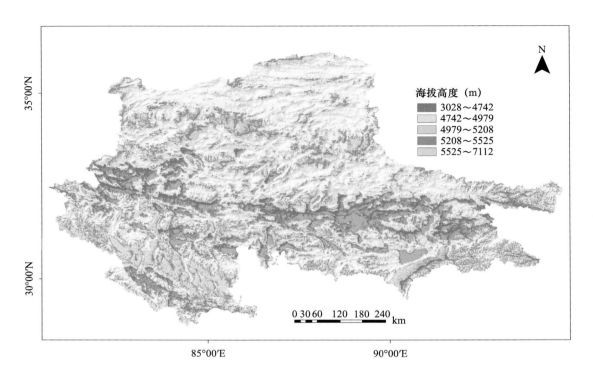

图 1.2　藏西北高寒牧区海拔高度分级图

第2章　藏西北高寒牧区气候要素特征

　　气候因子是影响生态环境变化最直接、最重要的因素之一,研究生态环境变化特征,自然离不开分析研究主要气候因子的变化特征。政府间气候变化专门委员会(IPCC)第五次评估报告指出,全球气候系统变暖,这是继第三、四次报告之后,再一次证实全球气候正在变暖(IPCC,2018)。目前全球温度普遍升高,尤其是在北半球升幅较大(陈效述等,2009),同时中国极端降水事件呈增加趋势(梁存柱 等,2002),且降水量时空变化存在一定的地域性差异(西藏自治区土地管理局 等,1994;边多 等,2008;孙小龙 等,2014;马梅 等,2017)。气温与降水不仅是主要的气候因子,也是旱涝的直接表征量(高清竹 等,2010),因此,研究气温与降水时空变化对于识别全球背景下的区域气候特征具有重要意义。近年来,国内很多学者就气候变化下的不同区域主要气象要素变化特征做了大量的研究工作。揭示了中国北方地区平均气温的升高速率明显高于全国平均气温的升高水平,而自20世纪中期以来,降水量表现为东部减少、西部增加、中部变化不明显等的特征(丁明军 等,2010;冯琦胜 等,2011;赖山东,2015;西藏自治区农牧厅,2017)。

　　青藏高原作为地球"第三极",是全球气候变化的敏感区,相对全球气候变化具有超前趋势(Eastwood et al.,1997),是全球气候变化的启动器和放大器(Purevdorj et al.,1998)。对其主要气象要素的变化特征研究具有特殊的意义,不少学者对其年际和年代际气温变化进行了研究,表明近几十年青藏高原的气温呈现上升趋势。降水的时空演变特征相对复杂,其变化趋势也存在争议。张文纲等(2009)探讨了40 a降水变化的区域分异和趋势突变时间,发现高原大部分地区降水量为增加趋势,南疆、西藏和青海东南部呈减小趋势,空间上中东部与南北呈反向变化,冷季降水量增大趋势明显。

　　对于所关心的藏西北高寒牧区来说,它具有人类活动稀少、下垫面单一、地势相对平坦等特点,研究区域内分布有可可西里、羌塘、色林错等国家级自然保护区(边多 等,2014),同时也是高寒草地分布面积最大的地区,是研究区域气候变化特征以及各生态系统对气候变化响应的良好自然本底样地。由于该区域气象站点分布稀少,目前藏西北高寒牧区的气象要素变化特征研究较少。那么藏西北高寒牧区在近几十年来气温是否显著上升？相应的降水变化特征如何？研究区域降水变化是否一致？各气象要素是否具有显著的周期变化特征？气候因子的变化必然将对当地的生态环境产生深刻的影响，同时也是分析生态环境变化归因的必要研究。在目前全球普遍受到气候变化带来影响的同时，研究藏西北高寒牧区这一特殊地区的区域响应不仅对当地牧业生产和牧民生活具有重要意义，同时对于构建国家生态保护屏障同样具有深刻的意义。

为了分析藏西北高寒牧区的主要气候因子的变化特征，本书利用区域内的气象站点资料、ERA Interim 再分析资料、TRMM 卫星数据等多源气象数据全面了解研究区域的气候变化特征。鉴于研究区域内只有 7 个气象站点（表 2.1），且考虑到研究区域地势平缓，对于气温、风速这种近似线性变化的要素使用双线性插值方法将其插值成与再分析资料相同的格点上；对于降水这种局地性强、非线性变化特征明显的要素直接使用卫星资料替代。因此，气温和风速时间序列选用 7 个站点共有的最长时序：1973—2017 年；降水时间序列为 TRMM 卫星最长时间序列：1998—2017 年。已有众多研究表明，ERA Interim 再分析资料和 TRMM 卫星数据在高原上具有较高的可靠性（姚玉璧 等，2011；刘海江 等，2015；拉巴，2017；李翔 等，2017）。为了使结果更为可信，本书将两种替代资料插值到 7 个站点所在的经纬度上与站点的气温和降水进行了对比，发现 ERA Interim 资料与站点气温相关系数达 0.98，超过 0.001 的显著性检验，其次，ERA Interim 资料在空间上描述研究区域气温分布特征具有较高的可靠性，但是在量值上再分析资料较站点数据平均低估 2.36 ℃，在升温趋势上平均低估 0.35 ℃/10a。由于卫星数据的客观性，TRMM 资料能够较好地描述研究区域各站点降水变化曲线，且在量值上没有明显的误差，以安多站为例（图 2.1），1998—2017 年 TRMM 资料与站点降水资料相关系数达0.71，超过 0.001 的显著性检验，且在描述年际变化的波峰波谷上均有良好的一一对应关系。

表 2.1　研究区域内气象站点概况

序号	站名	纬度/°N	经度/°E	观测海拔高度/m	数据起始年份
1	当雄	30.29	91.06	4200.0	1966
2	那曲	31.29	92.04	4507.0	1955
3	安多	32.21	91.06	4800.0	1966
4	申扎	30.57	88.38	4672.0	1960
5	班戈	31.23	90.01	4700.0	1956
6	嘉黎	30.40	93.17	4488.8	1961
7	改则	32.09	84.25	4414.9	1973

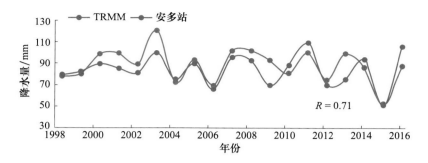

图 2.1　1998—2016 年 TRMM 卫星资料与安多站降水资料对比(5—9 月)

2.1　藏西北高寒牧区气候特征

西藏有 15 个纯牧业县,其中,那曲市 9 个县(尼玛县、双湖县、申扎县、班戈县、那曲县、嘉黎县、安多县、聂荣县、巴青县),阿里地区 3 个县(革吉县、改则县、措勤县),日喀则市 2 个县(仲巴县、萨嘎县),拉萨市 1 个县(当雄县)(表 2.2)。

表 2.2　藏西北高寒牧区 15 个站基本信息及基本气候要素特征

站名	海拔高度/m	气温/℃			年降水量/mm
		年平均气温	年极端最高	年极端最低	
革吉	4510	−0.55	25.5	−30.3	111.4
改则	4415	0.40	27.6	−44.6	171.3
措勤	4668	0.89	23.7	−27.6	301.9
仲巴	4586	−0.40	21.4	−29.9	369.6
萨嘎	4488	2.40	24.5	−27.3	399.4
那曲	4507	−0.60	24.2	−41.2	462.0
双湖	4919	−3.70	19.5	−31.1	299.4
嘉黎	4488	−0.30	22.4	−36.8	738.1
聂荣	4607	−2.00	19.9	−32.8	377.4
安多	4800	−2.40	23.5	−36.7	462.0
申扎	4672	0.40	25.1	−31.1	324.9
班戈	4700	−0.30	23.2	−42.9	333.7
巴青	4149	2.50	25.1	−24.0	526.8
尼玛	4535	1.40	23.9	−23.2	243.7
当雄	4200	2.10	29.8	−35.9	477.0

青藏高原是全球气候变化最敏感区和脆弱区之一,藏西北高寒牧区作为青藏高原重要载体,其气候变化同样显著。区域气温呈显著上升趋势,平均每 10 年升高 0.43 ℃;降

水呈增加趋势,平均每 10 年增加 18.2 mm;蒸发量呈明显减小趋势,平均每 10 年减少 31.2 mm;风速呈极显著减小趋势,平均每 10 年减少 0.27 m/s;日照时数呈减少趋势,平均每 10 年减少 7.9 h,主要减少体现在夏季。藏西北高寒牧区的气候变化趋势,与宋善允等 (2013)得出的西藏升温效应比其他地区更为显著,以及杜军(2019)得出的 1961—2018 年西藏年降水量呈增加趋势、年日照时数呈减少趋势且主要表现在夏季等研究结果相一致。

2.2 藏西北高寒牧区基本气候要素变化特征

2.2.1 气温

2.2.1.1 气温变化

研究区域内多年平均气温为 −0.1 ℃,最高年均气温出现在 2016 年,为 1.26 ℃;最低年均气温出现在 1997 年,为 −1.83 ℃。研究时段内年均气温呈显著上升趋势($P<0.001$),其倾向率为 0.45 ℃/10a,明显高于全国平均增温倾向率,略低于同期全区增温倾向率 0.49 ℃/10a,从季节尺度分析(表2.3),四季均呈显著升温趋势($P<0.001$),其变化幅度顺序为冬季>秋季>夏季>春季;从月际尺度分析,12 月升温最为显著,超过 0.87 ℃/10a,4 月升温相对缓慢为 0.29 ℃/10a,可以看出,尽管研究区域内的气温呈显著的上升趋势,但是在季节以及次季节尺度上其变化幅度并不相同,各季各月都有明显的变化差异,12 月和 4 月的变化幅度相差 0.58 ℃/10a,冬季积雪日数及积雪覆盖面积的减少以及春季降水的增多可能是造成冬、春两季气温变化幅度差异的主要原因。

表 2.3 藏西北高寒牧区 1973—2017 年平均气温变化倾向率

季节/月份	线性倾向率/(℃/10a)	P 值	置信度/%	季节/月份	线性倾向率/(℃/10a)	P 值	置信度/%
冬季	0.59	<0.001	99.9	夏季	0.38	<0.001	99.9
12 月	0.87	<0.001	99.9	6 月	0.37	0.005	99
1 月	0.53	0.02	95	7 月	0.40	<0.001	99.9
2 月	0.57	0.004	99	8 月	0.39	<0.001	99.9
春季	0.35	<0.001	99.9	秋季	0.43	<0.001	99.9
3 月	0.39	0.003	99	9 月	0.40	<0.001	99.9
4 月	0.29	0.004	99	10 月	0.34	0.02	95
5 月	0.31	0.009	99	11 月	0.56	<0.001	99.9

　　分析研究区域气温的周期变化表明,在气候变暖的大背景下气温没有显著的周期变化(图略),但是在去除其显著的气候变暖趋势后气温变化呈显著的准3年周期变化特征(图2.2),表明尽管近几十年气温呈显著线性增加趋势,但是在年际尺度上有明显的准3年冷暖波动,且在20世纪90年代其特征最为明显。通过M-K方法对45 a来的年均气温进行突变检验并用T检验进行验证发现,年均气温突变点在1985年,即在70年代呈波动减小趋势,从1985年起气温上升明显,且从1997年后UF曲线超过95%的置信度临界线。

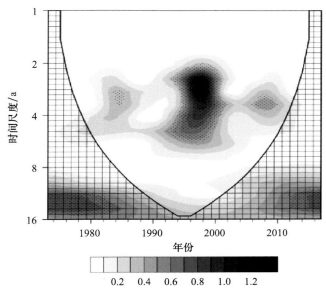

图2.2　1973—2017年藏西北高寒牧区年平均气温小波分析图

(网格表明边界效应(不可信),黑色打点区域为通过0.05显著性检验区域)

　　从气温的空间分布来看(图略),其主要特征为随着纬度的升高气温逐渐递减,其次,东部气温普遍高于西部。另外,受下垫面和局地气候等影响还有一些局部的气温分布特征,例如西南部仲巴、萨嘎县一带的年均气温小于周边的平均气温,从上升趋势分析,研究区整体均呈上升趋势,上升速率最高位于申扎、双湖一带的研究区域中部地区,而有遥感监测公报显示该区域在近几十年来草地生态处于显著退化状态。

2.2.1.2　平均气温变化趋势

　　藏西北高寒牧区年平均气温在−3.7～2.5 ℃,年极端最高气温为19.5～29.8 ℃;年极端最低气温为−44.6～−23.2 ℃,平均气温最高值出现在6、7月,极端最高气温出现在5—7月,极端最低气温出现在冬季(当年12月至翌年2月)(表2.2、图2.3)。

　　1971—2020年,藏西北高寒牧区地表年平均气温呈显著上升趋势,平均每10 a升高0.43 ℃(图2.4)。从1961—2020年藏西北高寒牧区地表年平均气温变化趋势空间分布来看,各站点地表年平均气温均呈显著的升高趋势,其中那曲最大 0.54 ℃,班戈次之(0.50 ℃/10a)。

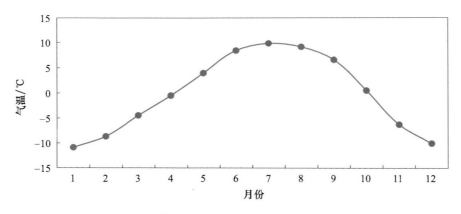

图 2.3　藏西北高寒牧区平均气温的月际变化

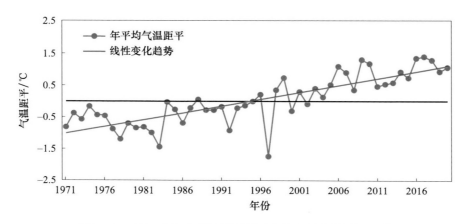

图 2.4　1971—2020 年藏西北高寒牧区年平均气温距平变化

2.2.2　降水

2.2.2.1　降水变化

研究区域干湿季分明,78.5%的降水集中在 6—9 月,区域内多年平均降水量为 436.80 mm,最多降水量出现在 2015 年,为 675.12 mm;最少降水量出现在 1980 年,为 284.40 mm,区域年均降水量表现出明显的年际振荡特征,年均降水量以 6.48 mm/10a 速率呈不显著上升,略低于同时期全区 8.28 mm/10a 的上升速率。季节尺度分析(表 2.4)表明,春季降水呈显著上升趋势($P<0.05$),其倾向率为 5.07 mm/10a,夏季降水呈

较显著上升趋势($P<0.1$),其倾向率为 11.82 mm/10a,冬、秋两季降水呈微弱下降趋势。月际尺度分析表明,降水最多月份为 7 月,最少月份为 2 月,变化趋势上,5 月降水呈显著上升趋势($P<0.05$),其倾向率为 3.85 mm/10a,12 月降水呈显著下降趋势($P<0.05$),倾向率为 -0.54 mm/10a;不难看出在季节及次季节尺度内降水量的变化与气温变化类似,降水减少和增加最显著的月份分别为冬季 12 月和春季 5 月,气温和降水的同步变化表明影响冬、春两季的环流形势可能发生了某种显著改变,这种影响机制值得进一步深入研究。

表 2.4 藏西北高寒牧区 1973—2017 年平均降水变化倾向率

季节/月份	线性倾向率/(mm/10a)	P 值	置信度/%	季节/月份	线性倾向率/(mm/10a)	P 值	置信度/%
冬季	-0.84	0.07	90	夏季	11.82	0.06	90
12 月	-0.54	0.02	95	6 月	2.89	0.35	<90
1 月	0.01	0.91	<90	7 月	3.24	0.41	<90
2 月	-0.05	0.81	<90	8 月	3.40	0.36	<90
春季	5.07	0.02	95	秋季	-2.28	0.53	<90
3 月	0.97	0.01	99	9 月	1.03	0.67	<90
4 月	0.13	0.93	<90	10 月	0.05	0.98	<90
5 月	3.85	0.03	95	11 月	-0.24	0.42	<90

分析降水周期变化表明,研究区域降水同样存在显著的准 3 a 周期变化(图略),其周期变化在 20 世纪 80 年代初期和 21 世纪 00 年代以后尤为显著(通过 0.05 的显著性检验);相比气温的周期变化,两者都存在显著的准 3 a 周期变化,但是在发生时域上似乎存在一种"互补"的关系,即气温周期显著时降水周期变化不明显,反之亦然。

分析其突变点发现,年均降水量突变点在 2000 年,2000 年起降水有较明显的增加趋势,但是增加趋势没有通过 95% 的置信度临界线。分析四季降水突变点发现,春、夏季均在 1997 年发生突变,1997 年后降水量有增加趋势,其中春季降水在 2008 年后增加趋势通过了 95% 的置信度临界线。冬、秋两季降水没有产生突变点。

从降水的空间分布特征及趋势分析来看,研究区域降水主要受水汽通道影响,年均降水量由东南部的近 800 mm 依次向西北递减到 20 mm(图 2.5)。年均最多降水量为嘉黎站(734.01 mm),最少为改则站(183.49 mm),区域内降水变化幅度较大。从趋势来看,研究区降水量变化整体有"西升东降"的趋势分布(图 2.6),即西部地区降水每年有 2~10 mm 的增多趋势,东部地区每年有 1~9 mm 的减少趋势,其中那曲和改则的增幅通过 0.05 的显著性检验。

因为高原上目前没有可靠性较高的再分析资料,所以采用热带测雨卫星(TRMM)的降水产品来分析区域降水变化特征。从降水的空间分布来看,与站点资料分析一致,年均降水量由东南部的近 800 mm 依次向西北递减到 20 mm,从变化趋势看,藏北高原西部普遍有增加趋势,且大部分地区通过了 90% 的置信度检验,中部地区降水有减少趋势,且部分地区通过了 90% 的置信度检验,东部地区降水有增有减且并不显著。

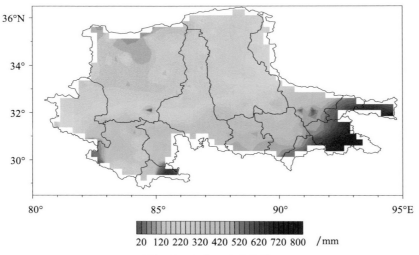

图 2.5 年均降水分布图

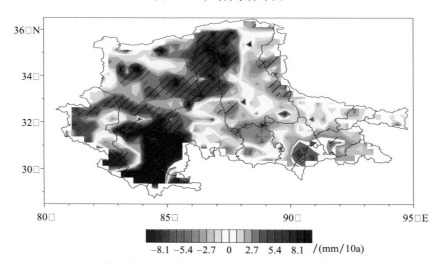

图 2.6 年均降水量变化趋势图(黑色斜线为通过 90% 置信度区域)

2.2.2.2 降水量

藏西北高寒牧区年总降水量在 111.4~738.1 mm,从年降水量的月际(图 2.7)变化来看,集中在 5—9 月,这 5 个月的降水量占全年降水量的 90% 以上。

空间分布状况表明,革吉、改则年降水量不足 200 mm,尼玛、双湖不足 300 mm,其余各站在 301.9~738.1 mm,其中措勤为 301.9 mm,嘉黎最多,为 738.1 mm,如图 2.8 所示。

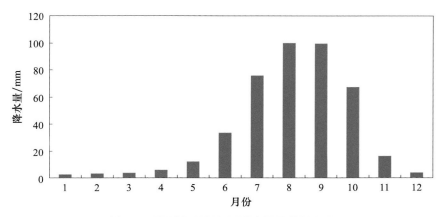

图 2.7　藏西北高寒牧区降水量的月际变化

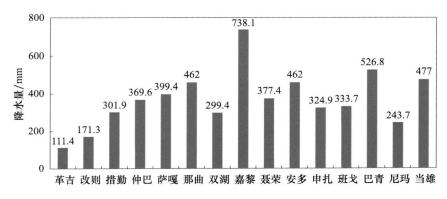

图 2.8　藏西北高寒牧区年降水量

1971—2020 年,藏西北高寒牧区年降水量呈增加趋势,平均每 10 a 增加 18.21 mm (图 2.9)。从藏西北高寒牧区年降水量变化趋势空间分布来看,各站均呈增加趋势,增幅为 9.8~23.5 mm/10a,其中嘉黎增幅最大,为 30.99 mm/10a(图 2.10),那曲次之,为 24.55 mm/10a(图 2.11)。

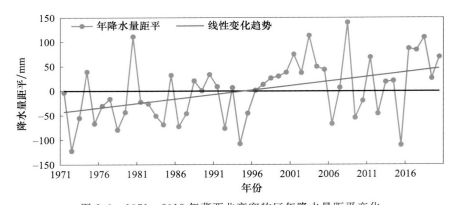

图 2.9　1971—2018 年藏西北高寒牧区年降水量距平变化

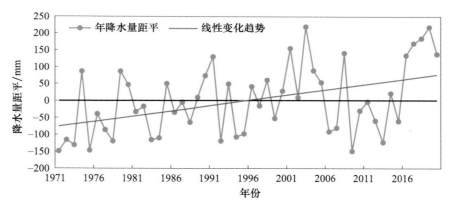

图2.10　1971—2018年西藏嘉黎年降水量距平变化

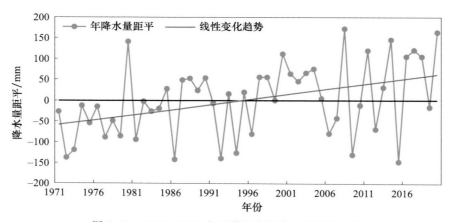

图2.11　1971—2018年西藏那曲年降水量距平变化

2.2.3　蒸发量

1961—2018年,藏西北高寒牧区平均年蒸发皿蒸发量(以下简称蒸发量)呈明显减小趋势,平均每10 a减少31.2 mm(图2.12)。四季蒸发量都在减小,尤其是春季,减幅最明显,为−10.6 mm/10a($P<0.05$)。近38年(1981—2018年)来,西藏年蒸发量减小趋势有所加大,为−22.0 mm/10a,这主要因为春、夏、秋3个季节的蒸发量都在减小引起的,特别是夏季,减幅最为明显,为−12.8 mm/10a。2018年,西藏平均年蒸发量1773.4 mm,较常年值偏低177.6 mm,为1961年以来第5个偏少年份。

就1961—2018年西藏四季蒸发量变化趋势空间分布而言,春季蒸发量,以申扎减幅最大,为−60.8 mm/10a,那曲次之,为−24.5 mm/10a;夏季为减少趋势,平均每10 a减少0.2~28.5 mm,以班戈最大,为−21.8 mm/10a;秋季呈减少趋势,为−1.4~−15.9 mm/10a(那曲和班戈站);冬季,嘉黎、班戈站蒸发量呈增加趋势,增幅为1.5~14.2 mm/10a,其他各站表现为减少趋势,为 $-0.3 \sim -16.7$ mm/10a。

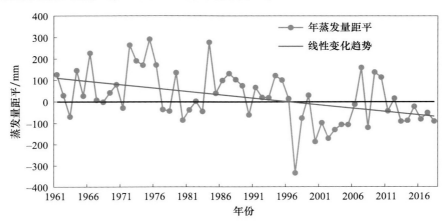

图 2.12　1961—2018 年藏西北高寒牧区年蒸发量距平

2.2.4　风速

    气温和降水所表征的水热变化对当地生态环境系统的影响是显而易见的,但是对于高寒牧区这种脆弱的生态环境,风速的变化往往也会带来草地退化、沙化、冰川退缩等生态安全隐患,同样,生态系统的变化反过来也对近地面的风速产生直接的影响,所以分析研究区风速的变化也显得十分必要。

    通过分析近 50 a 研究区风速变化表明:区域内多年平均风速为 3.25 m/s,平均风速最大月份为 3 月,最小月份为 9 月。风速呈极显著减小趋势($P < 0.001$),其倾向率为 -0.27 m/(s · 10a),略高于(绝对值)西藏全区减小趋势 -0.24 m/(s · 10a),从季节和月际尺度分析(表 2.5)来看,各季均呈显著减小趋势,减小幅度依次为春季>冬季>夏季>秋季,3 月减幅最大为 -0.53 m/(s · 10a),12 月减幅最小为 -0.12 m/(s · 10a)。海陆温差的减小以及陆面植被的改善可能是风速减小的最主要原因。从周期变化和突变点来看(图略),研究区域风速变化没有显著的周期变化,也没有突变点,风速从 20 世纪70 年代末期开始一直呈显著的减小趋势。

表 2.5　藏西北高寒牧区 1973—2017 年平均风速变化倾向率

季节/月份	线性倾向率 /m · s^{-1} · (10a)$^{-1}$	P 值	置信度/%	季节/月份	线性倾向率 /m · s^{-1} · (10a)$^{-1}$	P 值	置信度/%
冬季	-0.30	<0.001	99.9	夏季	-0.22	<0.001	99.9
12 月	-0.12	0.087	90	6 月	-0.28	<0.001	99.9
1 月	-0.30	<0.001	99.9	7 月	-0.19	<0.001	99.9

续表

季节/月份	线性倾向率/m·s⁻¹·(10a)⁻¹	P 值	置信度/%	季节/月份	线性倾向率/m·s⁻¹·(10a)⁻¹	P 值	置信度/%
2 月	−0.39	<0.001	99.9	8 月	−0.19	<0.001	99.9
春季	−0.40	<0.001	99.9	秋季	−0.20	<0.001	99.9
3 月	−0.53	<0.001	99.9	9 月	−0.22	<0.001	99.9
4 月	−0.29	<0.001	99.9	10 月	−0.18	<0.001	99.9
5 月	−0.29	<0.001	99.9	11 月	−0.14	0.035	95

综上所述,在全球气候变化的影响下,藏西北高寒牧区的各主要气象要素正发生着显著的变化,总体上研究区气温显著上升,降水微弱增加,风速显著减小,但在季节及次季节尺度上变化幅度并不一致,其中春季的变化幅度最为显著;从周期变化来看,在去除全球变暖的影响后,研究区域具有准 3 年的冷暖交替和干湿交替特征。空间上表现为西部的暖湿化趋势和中东部的暖干化趋势。

藏西北高寒牧区地处高海拔地段,常年年平均风速在 2.5～5.8 m/s,海拔越高,风速越大,海拔 4500 m 以上的站年平均风速在 3.0 m/s 以上,特别是双湖、措勤、仲巴年平均风速高达 5.2～5.8 m/s,其中双湖最大为 5.8 m/s。年最大风速在 14.0～25.9 m/s,年极大风速在 20.0～36.2 m/s,双湖为风速的高值区。

1961—2020 年,藏西北高寒牧区年平均风速呈显著减小趋势(图 2.13),平均每 10 a 减小 0.25 m/s。区域内平均风速变小主要表现在春季,减幅为 −0.11 m/(s·10a)。1971—2018 年,藏西北高寒牧区年平均风速减小明显,减幅为 −0.10 m/(s·10a),尤其是春季,达 −0.20 m/(s·10a)。

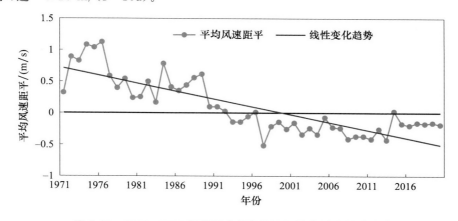

图 2.13　1961—2020 年藏西北高寒牧区年平均风速距平变化

2.2.5　日照时数

藏西北高寒牧区年日照时数在 2514.9～3226.0 h,5、6 月日照时数为最高值,最高可达 314.7 h。1961—2020 年,藏西北高寒牧区日照时数呈减少趋势,平均每 10 a 减少 7.9 h,主要减少体现在夏季,而冬季日照时数呈增加趋势(图 2.14)。

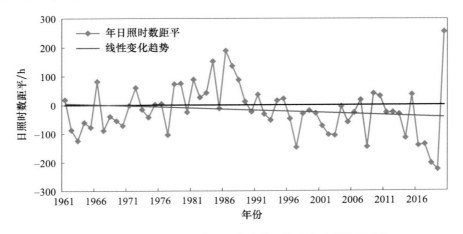

图 2.14　1961—2020 年藏西北高寒牧区年平均日照距平变化

2.2.6　≥0 ℃积温

2.2.6.1　≥0 ℃初日

1961—2018 年藏西北高寒牧区≥0 ℃初日呈显著提早趋势,平均每 10 a 提早 2.9 d,特别是近 38 a(1981—2018 年),每 10 a 提早了 5.3 d;在不同海拔高度上,初日均表现为提早趋势。其中,海拔 4500 m 以上地区提早趋势最为明显,平均每 10 a 提早 5.0 d,近 38 a 提早更明显,平均每 10 a 提早 10.3 d;海拔 3200～4500 m 的中等海拔地区提早趋势为 2.1 d/10a。2018 年,藏西北高寒牧区≥0 ℃初日为 3 月 10 日,较常年值提早 21 d,是 1961 年以来与 2016 年并列最早年份。其中,海拔 4500 m 以上地区≥0 ℃初日为 5 月 2 日,较常年偏早 31 d,为 1961 年以来第五早年份;海拔 3200～4500 m 的中等海拔地区≥0 ℃初日为 3 月 7 日,较常年偏早 17 d,为 1961 年以来最早年份。

从近 58 a(1961—2018 年)西藏≥0 ℃初日变化趋势空间分布来看,除嘉黎为弱的推迟趋势外(0.6 d/10a),其他各站≥0 ℃初日均表现为一致的提早趋势,平均每 10 a 提早了 0.9～5.7 d,以申扎提早最多,为 5.7 d/10a。

2.2.6.2　≥0 ℃终日

1961—2018 年藏西北高寒牧区≥0 ℃终日表现为显著的推迟趋势,平均每 10 a 推迟 2.2 d。近 38 a(1981—2018 年)推迟更明显,平均每 10 a 推迟了 4.0 d;在不同海拔高度 上,≥0 ℃终日都表现为推迟趋势。其中,海拔 4500 m 以上地区推迟最明显,平均每 10 a 推迟 4.2 d;海拔 3200～4500 m 的中等海拔地区每 10 a 推迟 1.7 d,≥0 ℃终日高海拔地 区比低海拔地区推迟的幅度要大。2018 年,藏西北高寒牧区平均≥0 ℃终日为 11 月 5 日,较常年值偏晚 4 d,是 1961 年以来并列第 17 个偏晚年份。其中,海拔 4500 m 以上地 区≥0 ℃终日为 10 月 6 日,较常年偏晚 17 d,是 1961 年以来第 7 个偏晚年份;海拔 3200～4500 m 的中等海拔地区≥0 ℃终日为 11 月 4 日,与常年值持平。从近 58 a (1961—2018 年)藏西北高寒牧区≥0 ℃终日变化趋势空间分布来看,各地≥0 ℃终日都 呈推迟趋势,平均每 10 a 推迟 0.2～5.5 d(P＜0.05),以那曲推迟最多,为 5.5 d/10a。

2.2.6.3　≥0 ℃间隔日数

1961—2018 年藏西北高寒牧区≥0 ℃间隔日数呈显著延长趋势,平均每 10 a 延长 5.1 d,尤其是近 38 a(1981—2018 年)每 10 a 延长了 9.3 d;在不同海拔高度上,≥0 ℃ 间隔日数均表现为显著的延长特征。其中,海拔 4500 m 以上地区延长趋势最为明显, 平均每 10 a 延长 9.2 d,特别是近 38 a 延长率达 18.8 d/10a;海拔 3200～4500 m 的中 等海拔地区延长率为 3.8 d/10a。2018 年,藏西北高寒牧区平均≥0 ℃间隔日数为 241 d,较常年值延长了 284 d,是 1961 年以来第三长年份。其中,海拔 4500 m 以上地区 ≥0 ℃间隔日数为157 d,较常年偏长 48 d,是 1961 年以来第 7 个偏长年份;海拔 3200～ 4500 m 的中等海拔地区≥0 ℃间隔日数为 242 d,较常年偏长 17 d,是 1961 年以来第三 长年份。

从 1961—2018 年藏西北高寒牧区≥0 ℃间隔日数变化趋势空间分布来看,嘉黎表现 为弱的缩短趋势(－0.4 d/10a),其他各站≥0 ℃间隔日数均呈现为延长趋势特征,平均 每 10 年延长 0.2～14.7 d,其中那曲延长最多,为 10.3 d/10a。近 38 a(1981—2018 年), ≥0 ℃间隔日数显著延长,以班戈延长最多,为 20.1 d/10a。

2018 年,藏西北高寒牧区平均≥0 ℃活动积温为 2203.4 ℃·d,较常年值偏高 124.2 ℃·d,是 1961 年以来第 9 个偏高年份。其中,海拔 4500 m 以上地区≥0 ℃活动 积温为 1317.6 ℃·d,较常年值偏高 139.1 ℃·d,是 1961 年以来第 8 个偏高年份;海拔 3200～4500 m 的中等海拔地区≥0 ℃活动积温为 2197.6 ℃·d,较常年值偏高 99.6 ℃·d,是 1961 年以来第 13 个偏高年份。

2.3 藏西北高寒牧区基本气候要素四季特征

统计分析藏西北高寒牧区基本气候要素四季气候特征表明:藏西北高寒牧区各个站冬季平均气温最低在$-7.3 \sim -12.7$ ℃;春季$-2.3 \sim 0.1$ ℃,夏季$7.4 \sim 11.5$ ℃,秋季$-2.0 \sim 2.5$ ℃;降水季节波动明显,主要集中在春、夏季,特别是夏季6—8月降水量占全年降水的80%以上(表2.6)。

表 2.6 藏西北高寒牧区代表站平均气温(℃)、降水量(mm)四季气候特征

站名	年		春季		夏季		秋季		冬季	
	气温	降水	气温	降水	气温	降水	气温	降水	气温	降水
改则	0.4	171.3	0.1	3.5	11.5	43.7	0.6	9.2	−10.6	0.7
那曲	−0.6	449.1	−0.6	17.8	8.9	95.5	−0.1	33.0	−10.6	3.4
班戈	−0.3	333.7	−0.6	10.9	8.5	74.9	0.0	23.2	−9.2	2.2
安多	−2.4	462.0	−2.3	15.0	7.4	104.8	−2.0	31.6	−12.7	2.7
嘉黎	−0.3	738.1	−0.5	46.8	8.2	139.2	0.6	51.6	−9.5	8.4
申扎	0.4	324.9	−0.1	8.5	9.3	77.7	0.8	21.0	−8.6	1.1
当雄	2.1	477.0	2.3	17.1	10.7	105.4	2.5	33.5	−7.3	2.9

第3章 藏西北高寒牧区草地生态系统

　　草地资源是陆地生态系统中十分重要的组成部分,其在系统中担当着物质与能量的循环和流动,可以视为其系统的中枢神经,草地资源更是发展畜牧业的重要经济资源,在人类社会和经济活动中起着举足轻重的贡献作用。草地作为气候变化研究中重要的生态因子,是气候变化的承受方,一定程度上也可以作为反映土地变化的代表,是地球气候变化的"指示器"(陈效逑 等,2009),导致草地的动态演化的影响因素是复杂多样的,如不同的下垫面类型、土壤含水量、冻土层深度、生态系统内部种群数量等变化的自然因素;又如多年波动变化的气温、降水量、日照时数、相对湿度等气候因素;还有能让草地在较短时间内发生重大变化的人为因素。

　　近几十年以来,随着气候变化的影响及人类活动的加剧,我国草地退化面积在 20 世纪 70 年代以前占国土面积的 10%,到 80 年代为 30%,到了 90 年代这一数值已经超过了 60%(梁存柱 等,2002)。退化速度惊人,并由此引发了一系列严重的环境问题。因此,到了 20 世纪 90 年代中期,草地退化问题在草地生态学研究者中引起了高度重视,围绕草地退化现状、特点、进程、机理和恢复治理等开展了一系列研究,并取得了相应的成果。周伟等(2014)研究了中国西北部草地植被动态变化及定量评价研究,选择了草地净生产力作为 2001—2010 年草地植被动态变化研究的指示因子,潜在草地生产力和实际草地生产力之间的差别分别代表草地退化中气候和人类要素的影响,指出西北地区 61.49% 的草地处于退化,只有 38.51% 的草地呈现恢复态势,另外,65.75% 的草地退化原因是人类活动引起的,只有 19.94% 是由气候变化的原因引起的退化。孙小龙等(2014)利用线性倾向法和转移矩阵方法对过去 30 a(1981—2010 年)锡林郭勒草原植被 NDVI 指数的转变趋势进做了研究,指出 1990—1999 年是研究区草原退化最严重的阶段,低覆盖区域(荒漠区)草地植被指数趋于提高,而高覆盖度区域表现为下降趋势。马梅等(2017)利用 NOAA/AVHRR NDVI 与 MODIS NDVI 遥感数据,估算得到锡林郭勒草原 33 a(1981—2013 年)的植被覆盖度,同样得到类似的结论,指出在研究区内草地处于长期退化趋势,但 2000 年是草地退化的转折点。2000 年之前,研究区草地呈退化加剧态势;

2000—2005 年草地退化发生转变，中、东部区域草地整体好转，西部地区草地恶化态势加剧；2005 年之后，草地生态不断好转，尤其在 2010—2013 年，草地退化面积不断萎缩，退化草地中，以中度、轻度退化草地占主导。

　　藏西北高寒牧区草地分布于西藏自治区的 14 个纯牧县，拥有全区 44.98% 的天然草原面积（西藏自治区土地管理局 等，1994），是我国高寒草地分布面积最大的地区，是维护西藏乃至全国生态安全的重要绿色生态屏障，也是我国重要的绿色基因库。随着人口快速增长，物质需求不断增加，人草畜矛盾日益突出，草原超载严重，藏西北地区草原出现不同程度退化，虽然实行了退牧还草、以草定畜等草原保护建设工程，在一定程度上改善了草原生态环境，但草原生态"局部改善，总体恶化"的趋势仍未根本扭转，对牧民生活和国家生态安全构成严重威胁。近年来，对藏西北高寒牧区的草地研究日益增多，其中大多以遥感监测为主要手段对该区域草地生态功能评价、草地退化时空分布特征进行了全面的分析，边多等（2008）利用 1992—2005 年的卫星遥感资料、草地调查数据以及气象社会统计等资料，对藏西北高寒牧区 14 个县的草地退化状况进行了分析，结果表明：2005 年区域内的草地退化总面积为 14.19 万 km²，占区域天然草地总面积的 39.64%，其中轻度退化面积最多，占退化总面积的 65.96%，其次是中度和重度退化，分别占 25.20% 和 8.84%；研究认为草地退化的主要原因为气候变化和过度放牧。高清竹等（2010）选择草地植被盖度作为评价草地退化的遥感监测指标，建立了藏西北地区草地退化遥感监测与评价的指标体系，对藏西北地区 1981—2004 年草地退化的时空分布特征进行研究，结果表明，截至 2004 年，藏西北地区草地退化局势十分严重。然而也有个别研究阐明不同的观点，如丁明军等（2010）利用 GIMMS 和 SPOTVGT 2 种归一化植被指数（NDVI）数据，对青藏高原地区 1982—2009 年草地覆盖的时空变化进行研究，结果表明草地盖度呈现持续增加的区域主要分布在西藏北部；冯琦胜等（2011）使用遥感动态监测的方法，利用地上生物量作为草地生长状况的检测指标研究了青藏高原 2001—2010 年的草地生长状况，表明青藏高原地区 2001—2010 年草地地上生物量总体有增加的趋势。

　　总体来说，藏西北草地退化逐渐成为各领域学者的普遍共识，根据最新的西藏自治区草地资源普查显示（西藏自治区农牧厅，2017），藏西北高寒牧区草原面积为 8.57 亿亩①，其中退化面积占 28.14%，沙化面积占 1.73%，盐渍化面积占 1.70%。全面分析藏西北地区草地退化的时空特征并进行生态安全评价，充分认识藏西北草地资源的生态安全状况，从而有针对性地对草地资源生态安全问题采取措施，对维持草地生态系统的完整性和稳定性，维持草地生态的健康与服务功能的可持续性、协调区域人地关系、保证区域经济社会可持续发展具有重要的实践意义。

---

　　①　1 亩 ＝ 1/15 hm²。

藏西北高寒牧区的草地资源主要具有以下几类特征。

（1）草地面积辽阔、类型单调

据统计（西藏自治区土地管理局 等,1994),1988 年 14 个纯牧业县拥有天然草地 5.47 亿亩（不含无人区草地）,占全自治区草地总面积的 44.98%,占有人区草地面积的 55%。但从所拥有的草地"类型"来看,主要有高寒草原类、高寒草甸类、高寒荒漠类 3 个,面积分别为 53917.21 万亩、17576.37 万亩和 3822.36 万亩,分别占总面积的 61.0%、19.9% 和 4.3%;草地"型"43 个。

（2）草地群落种类成分单调,结构简单,系统脆弱

从东到西,由南到北,随着温度、水分的逐渐降低和减少,群落种类成分随之减少。由于高寒干旱、强紫外线及氧含量低等原因,群落及构成群落的植物种普遍低矮,常形成垫状群落,群落结构 1～2 层,无明显分化;因此,也就决定了整个草地生态系统的容量小,承载能力低,弹性小,稳定性差。

（3）牧草产量低,但质量高

严酷的生境条件限制了植物的生长发育,植物往往变得低矮呈垫状,且生长速度慢,生长期也短;群落稀疏、类型简单、产草量低,大多数草地产草量低于 50 kg/亩,属 8 级草地（最低级）。

组成本区草地的植物种主要是莎草科和禾本科的一些草类,牧草叶量大,生殖枝少,营养枝多,再加上高原营养物质积累的特点,形成了具有蛋白质含量高、粗脂肪、无氮浸出物含量高、粗纤维含量低、草质柔嫩、适口性好的特点。

（4）草地类型分布具有明显的地带性

随着气候由东南向西北方向地带性变化,草地类型分布也相应地表现出地带性。东部主要为高山灌丛草甸分布区;中部主要是高寒草甸分布区;中西部,即申扎、班戈、尼玛、萨嘎县南部为高寒草原分布区;北部主要为高寒荒漠分布区。

3.1　草地覆盖度

植被覆盖度是指:通过对观测区范围内的草地地物进行空间上的垂直投影,求算垂直投影面积,该面积所占总范围地表面积的权重。该指标用以衡量区域范围内草地数量,也可定量衡量生态系统变化情况（赖山东,2015）,是研究各类生态学的基础数据,可以用于水文生态模型研究、水土流失严重性评价、气候影响评估等。同时,植被覆盖度也可以作为土地退化、盐渍化、荒漠化与沙化评估的有效指数。对某一区域进行植被覆盖

划分和覆盖度估算,得出的结果作为研究数据有利于对生态环境中的各种影响因子进行衡量和评价。

目前研究植被覆盖度的方法主要有实地测量和遥感反演技术两个方法,其中遥感反演方法因为实时性强、信息量大、获取方便等诸多优势逐渐成为研究植被覆盖度变化最为主要的分析手段,其中归一化植被指数(NDVI)被广泛应用于植被覆盖的定量研究。植被生长以年为周期,在这个周期内不同植被类型有着各自的生繁衰枯物候节律,表现出不同的生长规律,而且其规律性极强、周而复始、年复一年,这种规律性可以作为对植被的分类及长势变化研究的出发点。一般来说,植被覆盖度与归一化植被指数 NDVI 之间存在着极显著直线相关关系(Eastwood et al.,1997;Purevdorj et al.,1998;Leprieur et al.,2000)。在遥感监测植被覆盖度中,通常利用植被盖度与 NDVI 之间关系估算区域植被覆盖度,计算公式如下:

$$V_c = \frac{NDVI - NDVI_s}{NDVI_v - NDVI_s} \times 100\%$$

式中:V_c 为植被盖度,$NDVI_s$ 为研究区裸土最小 NDVI 值,$NDVI_v$ 为纯植被像元 NDVI 值或最大 NDVI 值。

典型的正常地表植被如图 3.1 所示,在可见光波段具有强吸收特点,而近红外波段对地面植被的响应非常强,因此植被比较好时其归一化指数值也比较高,为 0.72;反之,地表植被较差或有云、有水体时其归一化指数值也比较低或是负值,植被变黄时其值为 0.14。由此通过可见光波段和近红外波段合成的植被指数能够较好地反映植被的实际生长状况。

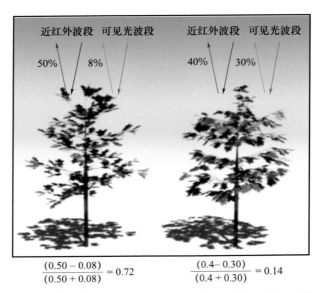

图 3.1　不同长势情况下植被 NDVI 值(引自 NASA 网站,有修改)

3.1.1 藏西北高寒牧区植被变化特征

(1)植被变化趋势分析

藏西北高寒牧区近20年内植被变化趋势以稳定为主导(图3.2)。其中显著退化区域主要集中在东南部的那曲、聂荣、班戈、申扎、当雄县和安多南部区域;植被轻微退化区域主要分布在显著退化区域外围;植被稳定区域主要分布于中部和北部区域;植被改善区域主要分布在北部区域的改则县和双湖县北部,另外,在革吉、仲巴、萨嘎、措勤、嘉黎和巴青县也有分布。总体来看,在国家草原生态补偿、草原保护等政策的驱使下,藏西北区的植被退化趋势得到了有效的控制,植被长势趋于变好。

由2000—2019年藏西北高寒牧区植被覆盖度变化趋势(表3.1)可以看出,20年内该区域植被覆盖大部分区域呈现稳定状态,占区域总面积的60.64%;呈退化趋势的区域面积为9.05万 km²,占区域总面积的14.81%;呈改善趋势的区域面积为8.45万 km²,占区域总面积的13.82%,退化趋势的植被面积略多于改善区域。

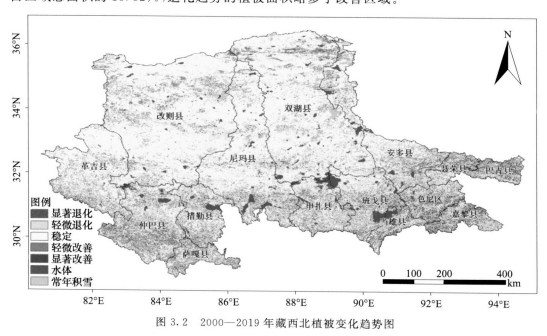

图 3.2 2000—2019 年藏西北植被变化趋势图

表 3.1 2000—2019 年藏西北高寒牧区植被面积变化统计

植被变化趋势	植被面积(km²)	植被面积百分比(%)
显著退化区	17039.69	2.79
轻微退化区	73455.06	12.02
稳定区	370653.63	60.64
轻微改善区	70509.88	11.53
显著改善区	13980.56	2.29

从藏西北高寒牧区各县植被覆盖度变化可知(表 3.2),各县植被总体上呈稳定状态,其中,稳定状态的植被面积比重最大的两个县为改则和双湖县,面积分别为 10.46 万 km² 和 8.6 万 km²,均超过所在县面积的 70% 以上;当雄和嘉黎县植被变化较大,稳定状态的植被所占比重分别为 25.80% 和 27.83%。在改善状态的植被中,嘉黎、萨嘎和仲巴县植被改善状态的面积超过 20% 以上,并明显大于退化的面积。退化状态的植被面积比重较大的两个县是那曲和聂荣县,均大于 40% 以上。总体来看,藏西北高寒牧区各县植被在总体上保持稳定状态下,呈现较好的恢复态势,共有措勤、革吉、改则、嘉黎、萨嘎、双湖和仲巴 7 个县的植被改善面积大于退化面积,约占整个藏西北高寒牧区一半的面积,表明在实行各类草原生态保护措施以后,该区域的植被出现了较好的恢复。

表 3.2 　2000—2019 年藏西北高寒牧区各县(区)植被覆盖度变化

变化趋势 县(区)	显著退化 面积/km² (百分比/%)	轻微退化 面积/km² (百分比/%)	稳定面积/km² (百分比/%)	轻微改善 面积/km² (百分比/%)	显著改善 面积/km² (百分比/%)
班戈	2181.38(7.66)	8071.13(28.36)	10503.00(36.90)	2187.56(7.69)	647.38(2.27)
巴青	1419.06(14.60)	2152.56(22.14)	2842.50(29.24)	1523.25(15.67)	1063.06(10.93)
措勤*	32.38(3.16)	3234.56(13.95)	11552.94(49.82)	3683.75(15.88)	808.81(3.49)
当雄	1232.31(12.04)	2467.13(24.10)	2640.19(25.80)	1127.38(11.01)	613.13(5.99)
革吉*	497.06(1.05)	3366.50(7.11)	32529.50(68.74)	5716.25(12.08)	819.81(1.73)
改则*	355.81(0.26)	7002.75(5.08)	104558.56(75.92)	13444.13(9.76)	865.69(0.63)
嘉黎*	1118.69(8.57)	2022.94(15.49)	3634.56(27.83)	2289.38(17.53)	1541.13(11.80)
尼玛	1203.56(1.65)	8526.56(11.66)	48746.06(66.63)	6615.75(9.04)	930.19(1.27)
色尼	1958.63(12.10)	4859.88(30.02)	5373.00(33.19)	1863.31(11.51)	820.94(5.07)
聂荣	1116.81(12.43)	2897.19(32.25)	3030.25(33.73)	904.00(10.06)	443.81(4.94)
萨嘎*	585.25(4.65)	1934.00(15.36)	5158.94(40.97)	2691.75(21.38)	787.38(6.25)
双湖*	404.31(0.35)	7502.81(6.42)	86003.13(73.55)	11571.88(9.90)	1012.31(0.87)
申扎	1299.13(5.05)	6520.94(25.34)	10685.63(41.52)	2521.63(9.80)	600.25(2.33)
仲巴*	1403.06(3.16)	5045.50(11.36)	19837.25(44.65)	8889.44(20.01)	2267.06(5.10)
安多	1530.44(3.51)	7839.00(18.00)	23517.13(53.99)	5460.88(12.54)	752.81(1.73)

注:标 * 的县(区)表示改善面积大于退化面积;括号内数据为百分比,余同。

2010 年是西藏开始实行草原生态补助奖励机制工作的起始年,表 3.3 为 2010—2019 年藏西北高寒牧区植被覆盖度变化趋势,可以看出,近 10 a 内该区域植被覆盖大部分区域呈现稳定状态,占区域总面积的 47.23%;呈退化趋势的区域面积为 8.71 万 km²,占区域总面积的 14.24%;呈改善趋势的区域面积为 17.19 万 km²,占区域总面积的 28.13%,近 10 a 来植被改善趋势的面积显著大于退化区域。

表 3.3　2010—2019 年藏西北高寒牧区植被面积变化统计

植被变化趋势	植被面积（km²）	植被面积百分比（%）
显著退化区	14416.75	2.35
轻微退化区	72669.38	11.89
稳定区	288740.0	47.23
轻微改善区	149417.88	24.44
显著改善区	22526.19	3.69

　　藏西北高寒牧区近 10 a 内植被变化趋势整体上以稳定为主导（图 3.3）。其中显著退化区域主要集中在东南部的那曲（色尼区）、聂荣、班戈、申扎、当雄县和安多南部区域；植被轻微退化区域主要分布在显著退化区域外围；植被稳定区域主要分布于中部和北部区域；植被改善区域主要分布在北部区域，主要在改则县和双湖县北部，以及革吉县大部，另外，在仲巴、萨嘎、申扎、措勤、嘉黎和当雄县也有分布。总体来看，在国家草原生态补偿、草原保护等政策的驱使下，藏西北区的植被退化趋势得到了有效的控制，植被长势趋于变好。

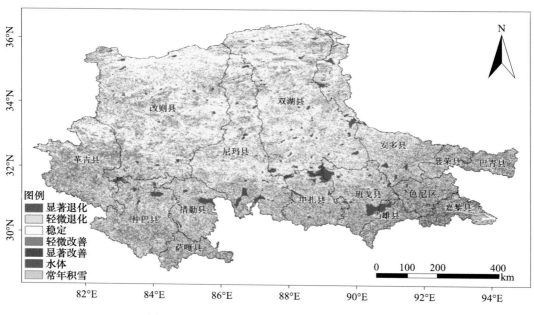

图 3.3　2010—2019 年藏西北植被变化趋势图

　　从近 10 a 来藏西北高寒牧区各县植被覆盖度变化可知（表 3.4），各县植被总体上呈稳定状态，其中，稳定状态的植被面积比重最大的三个县为改则、尼玛和双湖县，面积分别为 8.26 万 km²、3.86 万 km² 和 7.12 万 km²，均超过所在县面积的 50% 以上；当雄和嘉黎县植被变化较大，稳定状态的植被所占比重分别为 21.9% 和 16.3%。在改善状态的植被中,革吉和嘉黎县植被改善状态的面积超过40%以上,并明显大于退化的面积。退化状态的植被面积比重较大的两个县是巴青和聂荣县,均大于30%以上。总体来看,藏西北高寒牧区各县植被在总体上保持稳定状态下,呈现较好的恢复态势,在藏西北的15个县中,除班戈、巴青和聂荣县外,其余12个县的植被改善面积大于退化面积,占整个藏西北高寒牧区的一大半面积,表明在实行各类草原生态保护措施以后,该区域的植被出现了较好的恢复。

表3.4 2010—2019年藏西北高寒牧区各县(区)植被覆盖度变化

变化趋势 县(区)	显著退化 面积/km² (百分比/%)	轻微退化 面积/km² (百分比/%)	稳定面积/km² (百分比/%)	轻微改善 面积/km² (百分比/%)	显著改善 面积/km² (百分比/%)
班戈	1470.75(5.17)	6073.69(21.34)	9583.00(33.67)	5344.06(18.78)	1285.94(4.52)
巴青	1167.75(12.01)	2300.50(23.66)	2277.50(23.42)	2208.38(22.71)	1092.31(11.23)
措勤*	783.38(3.38)	4332.06(18.68)	8319.50(35.87)	5577.44(24.05)	1097.13(4.73)
当雄*	788.94(7.71)	1809.81(17.68)	2241.50(21.90)	2415.31(23.60)	1122.00(10.96)
革吉*	361.13(0.76)	2761.06(5.83)	19265.63(40.71)	18701.25(39.52)	1985.69(4.20)
改则*	385.88(0.28)	7538.06(5.47)	82630.88(60.00)	34164.81(24.81)	1847.13(1.34)
嘉黎*	1193.06(9.14)	1815.63(13.90)	2128.44(16.30)	2958.69(22.66)	2286.69(17.51)
尼玛*	1128.06(1.54)	8480.19(11.59)	38551.25(52.70)	16401.94(22.42)	1642.81(2.25)
色尼*	1168.94(7.22)	3153.19(19.48)	4189.13(25.88)	4749.94(29.34)	1674.75(10.35)
聂荣	720.44(8.02)	2226.63(24.79)	2699.94(30.06)	2193.94(24.42)	583.94(6.50)
萨嘎*	704.06(5.59)	2262.94(17.97)	3284.94(26.09)	3499.38(27.79)	1479.13(11.75)
双湖*	456.50(0.39)	9299.19(7.95)	71158.56(60.86)	24612.56(21.05)	1210.191.04
申扎*	1110.38(4.31)	5165.56(20.07)	8562.69(33.27)	5550.19(21.57)	1350.38(5.25)
仲巴*	1603.94(3.61)	7059.00(15.89)	14590.56(32.84)	11791.69(26.54)	2859.63(6.44)
安多*	1369.69(3.14)	8376.81(19.23)	19220.88(44.13)	9228.81(21.19)	998.69(2.29)

注:标注 * 的县(区)表示改善面积大于退化面积。

(2)植被覆盖度变化分析

在空间分布上(图3.4),从藏西北高寒牧区20 a平均植被覆盖度分布可知,高覆盖度植被主要分布于东南部区域,中覆盖度植被分布于中部区域,低覆盖度植被分布在北部区域。

根据2018年和2019年Terra/MODIS卫星遥感数据分析发现(表3.5),2019年藏西北高寒牧区植被仍以0~20%覆盖度为主,面积为30.02万km²,占区域总面积的49.11%;之后依次为20%~40%、40%~60%、60%~80%和80%~100%覆盖度。同2018年相比,2019年0~20%覆盖度的植被有所增加,其余等级范围的植被覆盖度均有所减少。其中,20%~40%覆盖度的植被增加了1.74万km²;40%~60%、60%~80%和80%~100%覆盖度共增加了0.46万km²(说明:各覆盖度植被由于受水体、冰川和积雪面积变化影响,植被面积增大和减小的数值存在一定差异)。

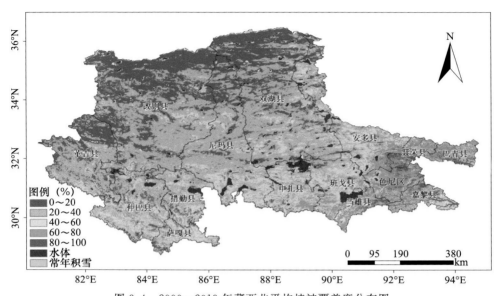

图 3.4 2000—2019 年藏西北平均植被覆盖度分布图

表 3.5 2019 年藏西北高寒牧区植被覆盖度分类统计

覆盖度分类/%	2018 年面积/万 km²	2019 年面积/万 km²	2018—2019 年面积变化/万 km²
0~20	27.75	30.02	+2.27
20~40	19.81	18.07	−1.74
40~60	4.36	4.34	−0.02
60~80	3.04	2.68	−0.36
80~100	0.32	0.25	−0.07

注:表中"+"表示面积增大,"−"表示面积减小。

3.1.2 那曲市植被变化特征

边多等(2014)将藏西北高寒牧区草地以覆盖度为主要因子将草地退化等级分为无明显退化、轻度退化、中度退化和重度退化 4 个等级(表 3.6)。利用长时间序列的 NOAA、MODIS 数据结合多要素气象数据,对藏西北高寒牧区草地退化状况做了定量化分析。

表 3.6 藏西北高寒牧区草地退化分类指标

因子	无明显退化	轻度退化	中度退化	重度退化
覆盖度/%	≥85	60~84	26~59	≤25

在近几年的研究中,拉巴(2017)利用 1981—2014 年的 GIMMS 和 MODIS 两种卫星

数据,在进行资料一致性验证、扩充等基础上分析了藏西北核心区的 NDVI 变化情况,结果表明该地 NDVI 呈明显的年际波动状态,并在 2009 年以后草地退化有明显的缓和迹象。从空间分布来看(图 3.5),处于显著、轻微退化区域的植被位于东部和东南部区域,主要为班戈县和申扎县近一半区域,那曲县大部、聂荣县大部,以及巴青、索县、比如和嘉黎各县部分区域;中西部和北部的植被变化幅度较小,大部分处于稳定状态,部分区域也出现了改善的情况,主要为尼玛、申扎和安多县。就全地区来说,处于稳定的面积所占比重最大,占全地区面积的 57.82%;其次是轻微改善区,占全区面积的 32.84%;轻微退化所占面积为 14.06%;显著退化和改善区所占面积比重在 7% 左右。

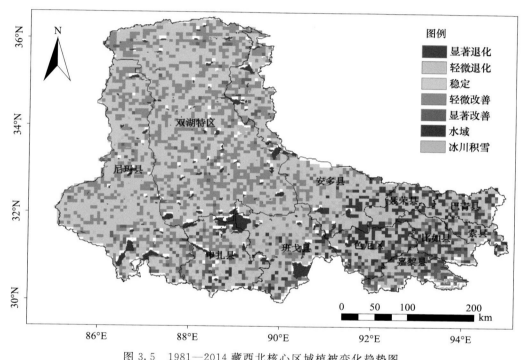

图 3.5　1981—2014 藏西北核心区域植被变化趋势图

从不同类型的草地变化趋势分析来看(图 3.6),灌木类草地覆盖度呈下降趋势;荒漠类草地覆盖度有所上升;而高山植被和高寒草甸草原类草地变化较小。灌木类草地平均覆盖度最高为 51.34%,在 1981 年达到 34 a 内最大值,最小值出现在 1987 年,为 46.08%,平均变化率为 0.25/a;其次是高寒草甸草原类,34 a 平均值为 17.57%,在 2001 年达到 34 a 内最大值,为 34.65%,最小值出现在 1986 年,为 28.24%,平均变化率为 0.31/a;高山植被类 34 a 覆盖度平均值为 26.17%,1981 年达到最大值,为 29.67%,最小值为 23.59%(1985 年),平均变化率为 0.32/a;荒漠类草地的覆盖度最小,平均值只有 17.57%,在 2001 年达到 34 a 年内最大值,为 20.90%,最小值出现在 1985 年,为 14.51%,平均变化率为 0.043/a。

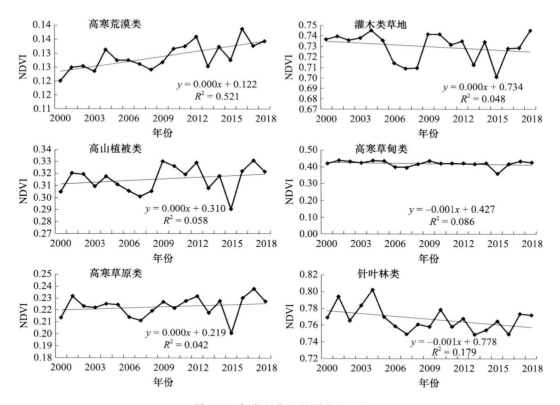

图 3.6　各类型草地的覆盖度变化

3.1.3　人工种草

西藏自治区结合草原生态保护补助奖励政策,引导农牧民牲畜出栏的同时,全区各地从2012年开始开展人工种草工程。为科学有效评估人工种草效果,我们利用高分辨率卫星遥感数据,根据西藏自治区农业农村厅提供的高寒牧区人工种草地块GPS数据开展了人工草地卫星遥感监测分析工作。在此选取几个典型实例说明种草效果。

针对拉萨市当雄县甲玛1地块,采用谷歌地球0.3 m的影像和GF1 PMS2 2 m的融合影像,分别叠加野外GPS采样点,进行人工种草前后的对比。可以看到:①该地块面积607.27亩;②野外GPS采样点与实际影像部分地块基本吻合;③该地块的植被覆盖度,在2015年人工种草后,与2006年相比无显著改善;④通过NDVI对比也可看出,在2011年该地块的整体NDVI在0~0.3和0.3~0.5平均分布,少部分在-0.2~0及0.5~1.0,而到了2015年,该地块的整体NDVI在0~0.3,少部分在-0.2~0及0.3~0.5(图3.7)。

针对日喀则市萨嘎县昌果乡昌果村地块,采用谷歌地球0.52 m的影像和GF2 PMS2 0.8 m的融合影像,分别叠加野外GPS采样点,进行人工种草前后的对比。可以看到:①该地块面积1516.88亩;②野外GPS采样点与实际影像部分地块基本吻合,经综合考虑,选取主要覆盖、吻合程度较好的地块进行勾绘;③该地块的植被覆盖度,在2018年人工种草后,明显比2010年人工种草前表现出更加旺盛、种植规整的植被状态;④通过ND-VI对比也可看出,在2011年该地块的整体NDVI在0~0.2,而到了2018年,该地块的整体NDVI在0.2~0.5和0.5~1.0。综合可见,人工种草较为成功,且效果显著(图3.8)。

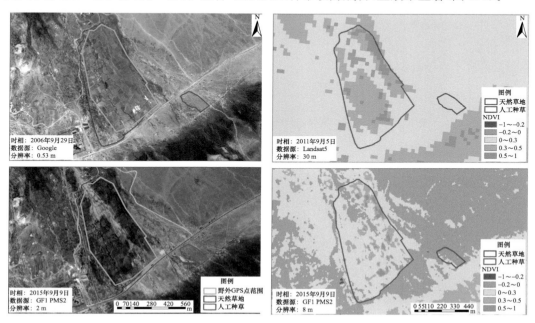

图3.7　拉萨市当雄县甲玛1地块人工种草与天然草地对比图

图3.8　日喀则市萨嘎县昌果乡昌果村人工种草与天然草地对比图

　　针对那曲市尼玛县文部乡南村 1 地块,采用谷歌地球 0.51 m 的影像和 GF2 PMS2 0.8 m 的融合影像,分别叠加野外 GPS 采样点,进行人工种草前后的对比。可以看到: ①该地块面积 6745.46 亩;②野外 GPS 采样点与实际影像部分地块基本吻合,经综合考虑,选取主要覆盖、吻合程度较好的地块进行勾绘;③该地块的植被覆盖度,在 2018 年人工种草后,明显比 2004 年人工种草前表现出更加旺盛、种植规整的植被状态; ④通过 NDVI 对比也可看出,在 2011 年该地块的整体 NDVI 在 0~0.2,而到了 2018 年,该地块的整体 NDVI 在 0~0.2 和 0.2~0.5。综合可见,人工种草较为成功,且效果显著(图 3.9)。

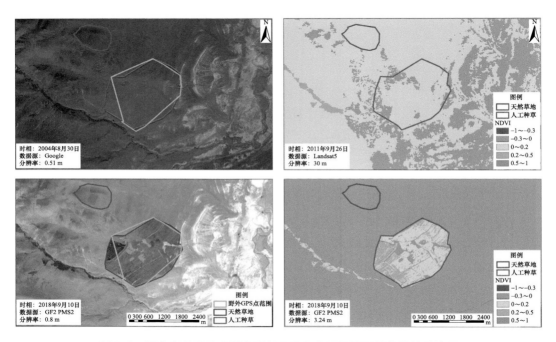

图 3.9　那曲市尼玛县文部乡南村 1 地块人工种草与天然草地对比图

　　针对阿里地区措勤县磁石乡刀青 1 地块,采用谷歌地球 0.51 m 的影像和 GF2 PMS2 0.8 m 的融合影像,分别叠加野外 GPS 采样点,进行人工种草前后的对比(图 3.10)。可以看到:①该地块面积 143.56 亩;②野外 GPS 采样点与实际影像部分地块基本吻合,经综合考虑,选取主要覆盖、吻合程度较好的地块进行勾绘;③该地块的植被覆盖度,在 2018 年人工种草后,明显比 2011 年人工种草前表现出更加旺盛、植被更加规整的植被状态;④通过 NDVI 对比也可看出,在 2011 年,整体 NDVI 在 0~0.2 和 0.2~0.5,2018 年整体 NDVI 也在 0~0.2 和 0.2~0.5。综合可见,人工种草生长状况保持较好。

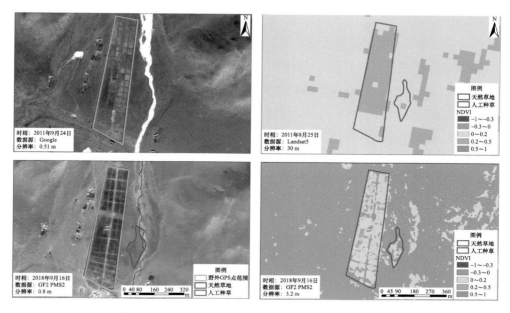

图 3.10　阿里地区措勤县磁石乡刀青 1 地块人工种草与天然草地对比图

　　人工种草与天然草地相比，人工种草区域具有明显的边界，且内部植被呈现出较为规则、整齐的纹理信息，长势较为统一、健壮；而天然草地则没有明显边界，一般依道路、河流而成型，且内部植被生长错乱无序、长势不一，同人工种草形成了鲜明对比；通过 NDVI 也可看出，人工种草区域植被信息要比天然草地好很多。

3.1.4　禁牧措施

　　(1)禁牧面积分布

　　实施禁牧作为退化草原生态系统自然恢复的重要举措，2011 年西藏自治区草原生态保护补助奖励机制办公室(简称"草奖办")给全区七地(市)下达了 12938 万亩的禁牧任务(禁牧 5 a)，占全区草地总面积(13.34 亿亩)的 9.7％，占可利用天然草地面积(11.29 亿亩)的 11.5％，其中高寒牧区 15 县共计 9315 万亩，占总禁牧面积的 72％(图 3.11、图 3.12、表 3-7)。

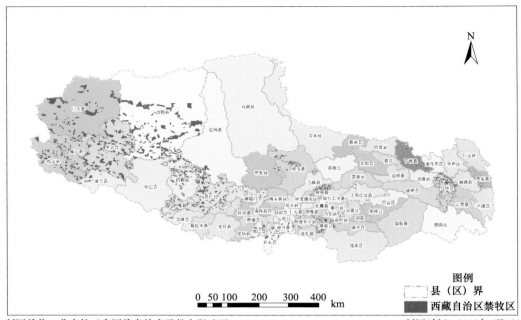

制图单位：北京航天宏图信息技术股份有限公司　　　　　　　　制图时间：2019年6月1日

图 3.11　西藏自治区禁牧区空间位置分布图

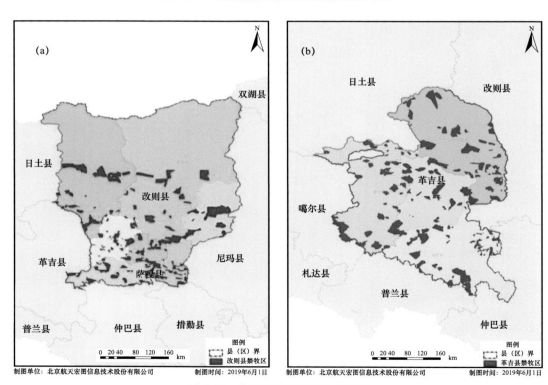

图 3.12　典型区域禁牧草地分布图

（a）改则县禁牧区空间位置分布图；（b）革吉县禁牧区空间位置分布图

表 3.7　藏西北禁牧面积分配表

县(区)名	禁牧面积/万亩	县(区)名	禁牧面积/万亩
聂荣县	170	双湖县	1200
安多县	1340	当雄县	205
申扎县	310	革吉县	850
嘉黎县	100	改则县	1600
班戈县	449	措勤县	360
巴青县	170	仲巴县	632
尼玛县	1570	萨嘎县	200
色尼区	159	—	—

（2）禁牧区植被长势

根据禁牧区域的植被变化来看，近 10 a 来藏西北禁牧区植被总体上长势处于改善状态。以禁牧区面积较大的两个县改则和革吉县为例，在国家生态保护和治理措施实施后，两个县的禁牧区植被长势处于改善状态（图 3.13）。

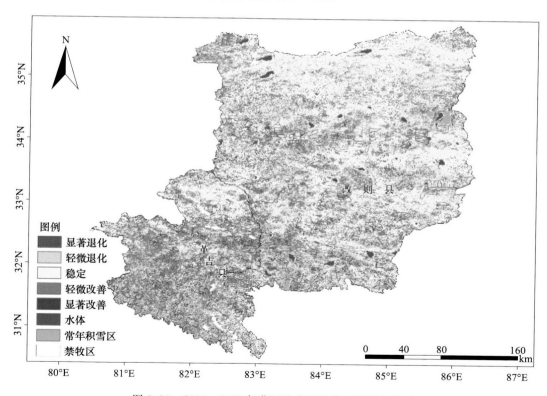

图 3.13　2010—2019 年藏西北典型禁牧区植被变化图

3.1.5　减蓄措施

从 2011 年开始全面实施了草原生态保护补助奖励政策,其中实施禁牧补助、草畜平衡激励是达到草畜平衡、草原生态恢复的重要内容。2010 年末藏西北高寒牧区牲畜存栏总数为 917.87 万头(只),2017 年末存栏数为 730.48 万头(只),2017 年末存栏数比 2010 年末减少了 187.39 万头(只)。

从年末牲畜存栏总数变化趋势可知(图 3.14),自草原生态保护补助奖励政策工作实行以来,藏西北高寒牧区牲畜数量总体上呈显著的下降趋势,表明政策落实效果显著,牲畜出栏率明显增大。

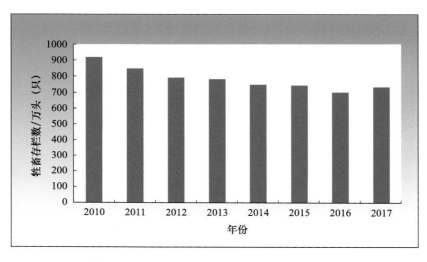

图 3.14　2010—2017 年藏西北牲畜存栏数变化

3.2　草地净初级生产力

植被净初级生产力(Net Primary Productivity,NPP)是指绿色植物在单位面积、单位时间内所积累的有机物数量,是光合作用所产生的有机质总量减去呼吸消耗后的剩余部分,是生态系统功能状况的另一重要指标。

在全球气候变暖的大背景下,各区域 NPP 对气候变化呈现出显著的响应。但是对于大尺度的实测 NPP 获取仍然比较困难(李翔 等,2017),现有的草地 NPP 估算模型大体分为气候相关统计模型、光能利用率模型、生态系统过程模型和生态遥感耦合模型等四大类(刘海江 等,2015),其中 Thornthwaite Memorial 模型作为气候统计模型中的一种,其模型本身具有生物学基础,不是一个普通的气候动力方程,而是植被 NPP 的函数形式,有助于了解水热变化动态对草地 NPP 变化的气候动力机制(姚玉璧 等,2011),相比其他模型其资料更易获取且序列长度在研究气候变化时更有优势,从而被很多学者广泛应用在气候变化下植被 NPP 的动态变化研究中(罗君 等,2013;郭灵辉 等,2016)。Nemani 等(2003)利用气候数据估算全球陆地植被 NPP,认为气候变化使全球 NPP 总量增加了 6%。国内也有不少学者利用气候模式估算植被 NPP,例如,谷晓平等(2007)利用气温、降水、相对湿度等 5 种气象要素资料估算西南地区植被净初级生产力,认为该地区 NPP 有上升趋势;蒋冲等(2012)利用气象资料分析秦岭地区植被净初级生产力,认为降水是影响其 NPP 的最主要气候因素;周广胜等(1996)认为青藏高原植被对增温十分敏感;刘春雨等(2014)在分析甘肃省 NPP 时空变化特征时指出,森林生态区和草原生态区主要受温度影响,而降水量是荒漠生态区和农业生态区的主要控制因子。不难发现,在不同区域不同类型的植被对于气温和降水量的响应有所不同。

目前藏西北高寒牧区是我国高寒草地分布面积最大的地区,同时也是可可西里、羌塘、色林错等国家级自然保护区所在地(张镱锂 等,2015),是研究植被 NPP 对气候变化响应的良好的自然本底样地。在气象数据方面,TRMM 卫星是由美国和日本联合研制的专门用于定量测量热带、亚热带降雨的气象卫星,该卫星从 1997 年底发射到现在已有较为丰富的高分辨率降水产品,这些降水产品资料在青藏高原上的适用性得到众多研究的认可(齐文文 等,2013;李典 等,2012;罗布坚参 等,2015;周胜男 等,2015)。因此,利用基于高分辨率气象资料的气候模型研究藏西北高寒牧区植被 NPP 变化及预估在未来气候变化下的响应情况,对于认清气候变化下植被生产力的时空变化特征以及应对气候变化方面均有重要的意义。

3.2.1 植被净初级生产力变化特征

由于藏西北高寒牧区人迹罕至,可以很大程度上消除气候模型无法考虑人为因素的特点,其次,利用高精度的卫星资料可以有效克服气象站点稀疏、插值所带来的数据误差。所以在研究区域所计算得出的 NPP 具有较高的可信度,经计算得出藏西北高寒牧区 1998—2016 年逐年植被净初级生产力时空分布特征(图 3.15),可以看出该区域 NPP 总体由东南向西北地区递减,这与该地区的水热分布特征一致,但是每年的变化幅度较大,NPP最低值出现在 1998 年,最高值出现在 2016 年,两年的 NPP 值分别为 4552.6 kg/(hm² · a)和5765.5 kg/(hm² · a)。多年区域平均 NPP 为 4996.6 kg/(hm² · a)。为了能够直观地判断每年更小区域的 NPP 变化情况,把每年 NPP 处于 5000 kg/(hm² · a)的等值线(近似等于平均值)在图上用红线标记出来,根据此线的上下和东西浮动来判断每年特定区域的 NPP 变化情况,从图 3.15 可以看出,5000 kg/(hm² · a)等值线常年分布在北纬 32°线附近,每年根据水热条件的不同而有上下浮动,在 2002 年之前,32°N 以北区域几乎没有5000 kg/(hm² · a)等值线分布,2002—2006 年开始有零星分布,从 2007 年起 32°N 以北区域的 5000 kg/(hm² · a)等值线显著增多,说明北部区域的植被明显好转。此外,在1998 年、2001 年、2002 年、2003 年、2004 年、2006 年、2007 年、2009 年等多年的藏西北高寒牧区的西南角萨嘎县境内出现一个 5000 kg/(hm² · a)等值线缺口,此缺口自 2010 年开始闭合,说明此处植被净初级生产力年际变率较大,且从 2010 年起趋于好转。为了判断整个研究区域植被净初级生产力总体变化趋势,计算区域平均植被 NPP 的距平序列,结果表明,藏西北高寒牧区植被 NPP 呈明显的上升趋势,每年增长率为 0.54%,这比朴世龙等(2002)利用 CASA 模型计算的 1982—1999 年整个青藏高原的 NPP 平均增速略小,比杜军等(2008)同样利用 Thornthwaite Memorial 模型计算的 1971—2005年西藏地区平均 NPP 增速略大;分时段研究 NPP 变化趋势发现,1998—2006 年和2007—2016 年的均值差异较为明显,通过 0.05 的显著性检验,表明在 2007 年以后藏西北高寒牧区植被 NPP 显著变好。

利用 Theil-Sen 方法从空间上分析研究区域 NPP 的变化趋势发现(图 3.16),大部分地区植被 NPP 处于上升趋势,占总面积的 71.9%,且沿东经 85°线左右的区域和东部小片区域有超过 90%置信度的显著上升趋势,其上升速率最高位于研究区域南部的萨嘎县,达到 16 kg/(hm² · a),其他地方的上升趋势可看作是自然波动。处于显著下降趋势的有位于研究区域中部的申扎县、东北部的双湖县部分、西南部的仲巴县等,其下降速率最高位于研究区域西南部的仲巴县,达到 10 kg/(hm² · a),其他区域的下降趋势并不显著。不难看出,藏西北高寒牧区植被净初级生产力在各个区域变化趋势并不相同,总体来看,东西部整体处于上升趋势,中部处于下降趋势,这与西藏自治区遥感应用中心发布的草地监测公报中利用 MODIS/NDVI 计算的植被覆盖度变化趋势大致相同。对于上升速率和下降速率最高值均出现在南部,可能是因为该区域有一条重要的水汽通道(黄福均 等,1984),而该水汽通道的强弱会造成附近区域的降水变率较大,从而造成 NPP 变化幅度较大。

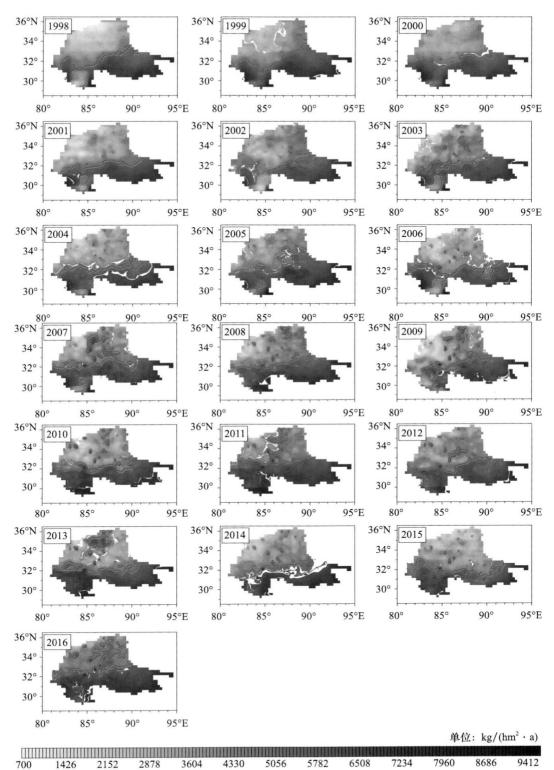

单位: kg/(hm² · a)

图 3.15　1998—2016 年藏西北地区逐年 NPP 变化(红线为 NPP 值 5000 kg/(hm² · a)的等值线)

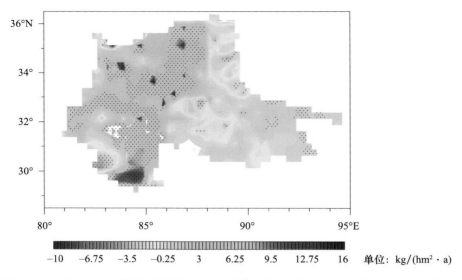

图 3.16 1998—2016 藏西北高寒牧区 NPP 变化趋势(黑色打点区域为超过 90% 置信度)

3.2.2 草地生物量变化特征

通过卫星遥感反演资料分析来看(表 3.8、图 3.17、图 3.18),2010—2019 年藏西北高寒牧区草地(含干草)地上生物量与鲜草生物量较差区域主要集中在北部和西部部分区域,较好区域主要集中在南部和东部区域,草地(含干草)地上生物量平均值为 724.2 kg/hm²,鲜草生物量平均值为 571.9 kg/hm²。藏西北高寒牧区各县中,除当雄、嘉黎、聂荣、巴青县和色尼区外,其余各县生物量值均在平均值之下。

表 3.8 近 10 a 藏西北高寒牧区各县(区)生物量平均值 　　单位:kg/hm²

县(区)名	草地(含干草)地上生物量	草地鲜草生物量
萨嘎县	541.4	389.9
当雄县	1052.9	882.7
嘉黎县	1193.4	1028.2
措勤县	457.1	313.6
仲巴县	474.8	331.0
色尼区	1269.9	1090.6
班戈县	639.2	476.9
申扎县	585.0	427.2
聂荣县	1332.9	1154.3

续表

县(区)名	草地(含干草)地上生物量	草地鲜草生物量
巴青县	1279.9	1108.7
革吉县	360.0	233.5
尼玛县	410.2	274.5
改则县	332.1	210.8
安多县	579.7	428.1
双湖县	354.3	228.1
平均值	724.2	571.9

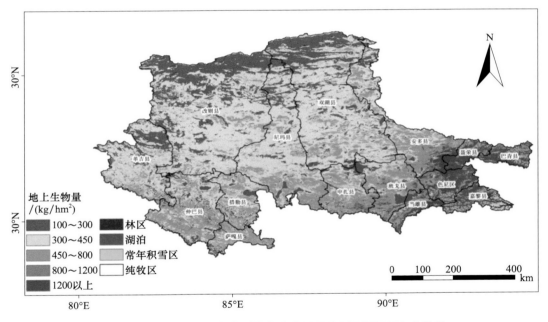

图 3.17   2010—2019 年藏西北高寒牧区草地(含干草)地上生物量

从藏西北高寒牧区最大合成年平均生物量值变化趋势(图 3.19)可以看出,近 10 a (2010—2019 年)藏西北高寒牧区生物量值在 2017 年达到最大,草地(含干草)地上生物量平均值为 759.0 kg/hm²,草地鲜草生物量平均值为 607.6 kg/hm²,较 10 a 平均值分别偏高 39.6 kg/hm² 和 39.9 kg/hm²;最小值出现在 2015 年,草地(含干草)地上生物量平均值为 616.6 kg/hm²,草地鲜草生物量平均值为 466.6 kg/hm²,较 10 a 平均值分别偏低 102.8 kg/hm² 和 101.1 kg/hm²。近 10 a 藏西北高寒牧区生物量值总体上呈现不变的趋势。

第3章 藏西北高寒牧区草地生态系统

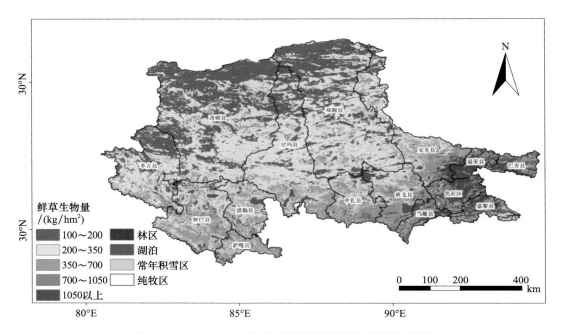

图 3.18 2010—2019 年藏西北高寒牧区草地鲜草生物量

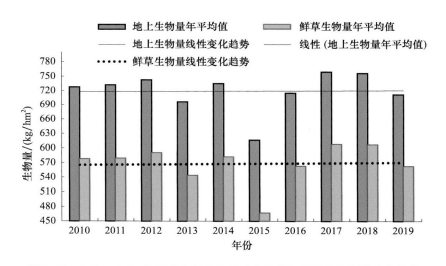

图 3.19 2010—2019 年藏西北高寒牧区最大合成年平均生物量值变化趋势

进一步分析藏西北高寒牧区 2010—2019 年生物量距平(图 3.20)可以看出,结合西藏全区草原生态保护补偿奖励政策,自 2011 年逐步实行禁牧、减畜和人工种草等措施后,除个别年份外,藏西北高寒牧区生物量距平值均为正距平,表明在这段时间内植被生物总量较高。2015 年因受干旱气候影响,生物量负距平为近 8 a 最大值,导致该年植被生物总量有所减少。

图 3.20　2010—2019 年藏西北高寒牧区生物量值距平图

3.3　机理研究及未来预估

3.3.1　机理研究

　　藏西北高寒牧区的草地覆盖度变化情况表明,研究区草地有较为明显的退化趋势,而草地退化包含两种演替,即"草"的演替和"地"的演替,同时也包括草的"量"的变化和"质"的变化。演替的原因是大气候或人为干扰超过了草地生态系统自我调节能力的阈值,自身难以恢复而向相反方向发展的现象,这种现象在草地生态系统中被理解为退化。草地退化产生的负效应很多,如草地产草量下降、优质牧草减少、草丛变得稀疏低矮、土地沙化等。因此,草地作为一种生态系统,其退化原因也很多,主要有自然因素和人为影响两种。

3.3.1.1　自然因素

（1）气候变化

　　近几十年来,藏西北高寒牧区的气候变化主要特征是:气温显著上升,降水的年际变化大,年代际变化呈现不显著增多趋势,在空间分布上极不均匀等。那么研究区域的草地覆盖度与各气象因子的关系如何？气候变化在多大程度上影响着藏西北高寒牧区的草地覆盖度？这些都是需要迫切研究的内容。

在分析藏西北区域草地覆盖度变化特征的基础上，边多等(2008)进一步结合蒸发量、日照时数、降水和气温等气候要素的多尺度分析，发现在研究时段内阿里牧区的变化特征是朝着暖干型发展，而那曲牧区的变化趋势是暖湿型(吴绍洪 等,2005;唐洪 等,2006;牛涛 等,2005)。这种气候变化的表现与区域草地退化分布情况大致相同。特别是随着降水量的年际波动，表现为区域内草地覆盖度的起伏变化(表 3.9)。具体表现在随着气温的升高，冰雪融水量增加，加上那曲降水有所增加，对草地退化起到了缓和作用，但由于暖干的气候变化趋势使得在阿里地区几个县和日喀则萨嘎、仲巴等县的草地退化比较明显。说明气候因素在草地生长过程中起着决定性作用。

表 3.9　NDVI 与气象要素之间的相关分析

要素	年平均气温	月平均气温	两年累积降水量	月降水量
NDVI	0.17	0.88**	0.63***	0.94****

注：**,***,****分别表示 $P<0.05$,$P<0.01$ 和 $P<0.001$。

但是，水热条件在决定藏西北高寒牧区草地 NDVI 中起到的作用并不相同，对此拉巴等(2019)分别利用年平均、月平均气温和降水资料与 NDVI 做相关分析发现，研究区草地 NDVI 对年平均气温和降水并不敏感，它们与 NDVI 相关系数较小，属弱相关，未通过显著性检验(表 3.9)。因为降水作为植被生长所必需的要素，对植被生长有较为显著的影响，因此，对两年累积降水量与 NDVI 之间做相关性分析发现，两年累积降水量与 NDVI 间存在显著的正相关性($R=0.63$,$P<0.01$,$t=2.9421$,95%置信区间为(0.18,0.86))。而气温与 NDVI 呈不显著的正相关性，在控制了其他影响因素后，二者的偏相关系数也只有 $R=0.17$,未通过显著性检验。分析 NDVI 月最大值与气象数据的相关性可知，NDVI 与月平均气温和月降水量存在显著正相关性，相关系数分别为 0.88($P<0.05$)、0.94($P<0.001$),此结论与沈斌等(2016)得出的结论基本一致，植被 NDVI 对月平均气温及降水响应最为强烈。

(2)其他自然因素

进入 21 世纪以后，藏西北高寒牧区一度成为西藏全区退化最为严重的地区，退化草地占该区草地的 50%(周华坤 等,2005),除了受到水热条件不稳定给草地退化带来的直接影响外，该区域的土壤特性、冻土层的融化、冰川退缩、湖泊水位上涨、鼠虫害等自然因素给脆弱的高寒草地生态系统带来了种种危险，具体如下。

① 土壤特性。该区域地质、地貌不稳定，土层浅薄，土壤颗粒粗化、石砾化，土壤固结力差，抗冲蚀力弱等特点在受冻蚀和风蚀结合作用的影响下，造成土粒松散，降雨后土壤

蓄水能力较差,极易造成水土流失、盐渍化,事实上,藏北高寒草原一直是西藏受土壤盐渍化最严重的区域,其中高寒草甸草地土壤盐渍化面积占草地总面积的70%(兰玉蓉,2004),另外,青藏高原高寒草甸区因毒草类植被的侵入,造成草地植被覆盖度下降,平均只有46%,优良牧草比例仅为25%,杂草比例高达75%(星球地图出版社,2013),毒草生长力旺盛,蔓延势头迅猛,在与牧草竞争土壤养分时占绝对优势。

② 冻土环境与草原植被的变化。高寒草甸类和高寒沼泽草甸生态系统对青藏高原冻土层变化产生重大的影响,即冻土层上限深度和高寒草甸植被覆盖度及生物生产力呈高度负相关。高寒沼泽草甸退化为高寒草甸时,冻土层上限降低,冻土层的变化还会引起草地土壤有机含量的变化;高寒草原生态系统与冻土环境的相关性比较弱;在全球气候变化的协同作用和冻土层条件的变化之下,1986—2000年青藏高原高寒沼泽草甸面积减少28.11%,该草地类型分布面积减少7.98%(王根绪 等,2006)。

③ 冻融剥离作用。冻融侵蚀是一种因气温的变化,引起土壤和岩石内的水分含量发生相变,以及两者内部的矿物质发生缩胀,产生机械性破坏,最终被运送、迁移、堆叠的过程(张建国 等,2005)。这种状况多发生在纬度高、海拔高及气候寒冷的地区。青藏高原的冻融区主要发生在海拔3000 m以上的高寒地带,占我国冻融侵蚀面积的83%,而西藏冻融区面积占全国的73%(董瑞琨 等,2000),发生在那曲市和阿里地区,其中那曲市因平均海拔高于4000 m,温度低,昼夜温差较大,冻融侵蚀的面积较大,因此,受冻融剥离作用区域的面积也相对较大,这种变化严重威胁着该区域草地生态系统的安全,是造成草地变化的又一个不可忽视的因素。

④ 草原鼠害的泛滥。草原鼠害的影响是造成藏西北高寒牧区草原大面积退化的另一个重要原因。有实地调研数据表明,那曲县、班戈县大部分区域处于鼠害中等强度危害区,也有部分区域达到重度危害的等级(仓决卓玛 等,2010)。危害主要来自西藏鼠兔和草原田鼠两类,西藏鼠兔其分布区域之广、数量之大,对高原草地危害相当严重,造成草地上洞口分布泛滥,一般每亩平均达40~100个,最多的大于300个,啃食的植物又是草地中的优良牧草品种,如早熟禾、异针茅、嵩草、鹅绒委陵菜、珠芽蓼、圆穗蓼等,对牧草的根部造成直接破坏,以及碾压草地。草原田鼠常在牧草稀少、砾石较多的区域生存,不善于挖掘打洞。田鼠的大范围暴发与人类活动有较大的关系。近年来草原牧区牲畜超载、过度放牧,草还未生长完全已被牲畜啃食,这就为草原田鼠的繁衍提供了适宜的环境(赵好信 等,2002)。鼠虫不仅对草原植被造成极大破坏,而且由于对地表的破坏,牧草被采食殆尽。近年来,鼠虫害的危害面积不断扩大,是造成草原严重沙化、退化的另一重要原因。

⑤ 冰川、湖泊面积变化对周围草地植被的淹没。藏西北区域分布着面积不等的众多湖泊,是全国湖泊分布最多的区域,特别是西藏面积最大的几个湖泊均位于此,如色林错、当雄县的纳木错北部区域、安多县的错那湖、尼玛县的当惹雍错湖、扎日南木错东部

区域等典型的大湖；世界第三大冰川——普若岗日冰川位于那曲北部的双湖县，面积为422 km²，海拔在 5300 m 以上，此外还有位于西藏安多县与青海省交界的格拉丹东冰川，以及位于班戈县境内的念青唐古拉冰川等。

近年来受气候变化的影响，那曲市气候呈暖湿化趋势发展，直接导致了该区域内众多湖泊面积的增加和冰川面积的退缩，色林错在近 30 多年内面积显著增加，到 2014 年从卫星图像上显示其周边两个小湖错鄂湖与雅根错由原来的独立湖泊变为现与色林错连通，成为一个大湖（边多 等，2010），而其他湖泊也有类似的情况发生，1970—2010 年藏西北地区南部 12 个湖泊面积，除格仁错面积减小外，其余湖泊在 40 a 内总计增加了 743.88 km²。从 1976—2010 年的近 35 a 里那曲整个地区面积在 1 km² 以上的湖泊总数有 469 个，近 35 a 内这些湖泊面积增加了 3505.12 km²（黄卫东 等，2012；林乃峰 等，2012）。如位于普若岗日流域的令戈湖面积增大则更加显著。这些湖泊面积增长的部分，占用并吞噬了附近的部分沼泽化草甸的面积，使得长期以游牧生活为主的依草、水为居的牧民，不得不被迫迁移出被湖水浸漫和冰川融水冲蚀的草地区域，寻找新的居住地。因此，湖泊和冰川的变化对草地的影响也是不容忽视的。

3.3.1.2　人为因素

虽然藏西北高寒牧区位于人类活动稀少的藏北高原，气候变化和自然因素是草地退化最主要的驱动力，但是，近年来随着人民生活水平的提高，人口随之增长，畜牧业发展迅速，藏西北高寒牧区草地承载压力随之增大，过度放牧等带来的草地退化不容忽视。

（1）人口增长

根据西藏自治区历年人口统计资料分析，1989 年纯牧区 14 个县总人口数为 31.60 万，1995 年为 35.78 万，到 2003 年增长到 41.85 万，年平均增长速度为 2.3%（图 3.21）。近些年随着青藏铁路的开通，旅游业的强劲发展，研究区域的人口密度更是急剧增长。人们对粮食、肉、燃料等需求也越来越多，这与现有生产力水平下土地有限的生产力相比较，已造成人们对生物产品需求量同土地实际所能提供的生物生产力之间的尖锐矛盾。由于西藏纯牧区牧民居住分散，照明、取暖等能源短缺，虽然太阳能、风能等可再生资源的小范围利用缓解了一定的环境压力，但随着人口的增长，每年所需的牛粪等燃料急剧增长，草场失去了肥力，植被破坏，生态环境恶化，使原本沙松的土地变得更加贫瘠。

（2）过度放牧

畜牧业是藏西北高寒牧区的支柱产业，由于单一强调牲畜数量，施行粗放式放牧，草场资源匮乏，超载过牧现象日趋严重。牲畜数量的增加对草场的压力越来越大，过牧现象引起的草地退化和沙化现象也越发严重。根据 2000—2014 年那曲市牲畜年末存栏数可见(图3.22),15 a间那曲市牲畜存栏数呈显著的逐年下降趋势,平均值达$6.23×10^6$头(只),仅2000—2009年的年平均牲畜存栏数就高出15 a平均值$3.997×10^5$头(只),牲畜存栏数猛增使牲畜平均占有草场的面积减少,草场面积的下降,必然导致过度放牧,进而引起草原的沙化退化。过度放牧还会引起牲畜对草地的践踏和啃食,激化植物群落间矛盾,破坏土壤条件,进一步加剧草地退化。

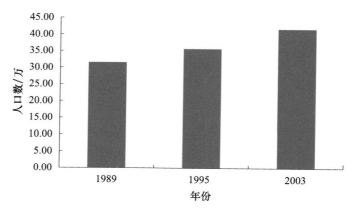

图3.21 1989年、1995年、2003年藏西北高寒牧区人口变化

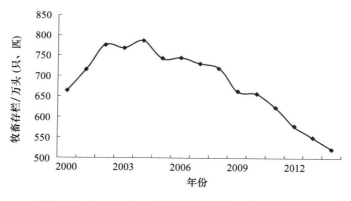

图3.22 2000—2014年那曲市牲畜年末存栏数变化

此外,矿产的开发、车辆的碾压、采挖虫草和景点开发等这些人为因素也对草地退化起到推波助澜的作用。

草地覆盖度变化的因素中哪些因素起主导作用?研究它们之间相互的影响顺序也是一项颇为重要的研究工作。自然因素中,土壤和冻土层深度等要素变化缓慢,在短期内对草地变化作用不明显;而气温、降水量的年际波动性较大,与草地变化密切相关;在社会统计因子中政策、制度、观念等对草地的变化也具有较显著的影响,但其实施和执行过程中存在许多不确定的人为因素,且获得的数据时间序列也只有近几年的时段,因此难以用于分析。本节在分析影响草地变化的各种因子后,从中选取了数据较容易获取且可信度较高的因子作为驱动力分析的变量,即 2 个自然因素(气温和降水量)和 3 个社会统计因素(年末牲畜存栏数、地区牧业产值、牲畜出栏率)作为主成分分析的变量因子,综合分析各因子间的相关关系,选出影响草地变化的主要成分。

结果发现,NDVI 与各影响因子的相关系数排序为:地区牧业产值>牲畜出栏率>累积降水量>气温>年末牲畜存栏数。其中前 4 个因子与 NDVI 呈较显著的正相关关系,与年末牲畜存栏数的相关性较弱,呈负相关。由于牧草产量高低、长势优良程度对牲畜肉质及相关牧业产品价格具有直接的影响,最终反映为该地区的牧业产能,这一因素与 NDVI 的高相关可能更多是后者影响前者;而年末牲畜出栏率与 NDVI 的高相关是由于年末牲畜出栏率越高→次年草地承载压力就越小→草地得到休养生息→提高草地 NDVI 这样的一种良性循环的表现;累积降水量和气温则是两个关键的自然因素,由于自然因素对草地的影响是长期性的,因此,影响程度略小于前两个因素;年末牲畜存栏数作为一个关键因子,此处它的影响程度显得较弱,这可能是由于采用统计年鉴数据所带来的客观误差所导致的。

分析藏西北高寒牧区 NPP 的影响因素,主要从水热条件两方面进行考虑,并分析讨论气温和降水哪一个要素对 NPP 具有更为重要的影响。量化分析气候因子(降水、气温)对藏西北高寒牧区植被净初级生产力的影响因子大小可以发现(图 3.23),在大部分区域降水的影响占到 70% 以上,且随着纬度的升高降水对藏西北高寒牧区净初级生产力的影响越来越大,但是在 91°E 以东区域气温相对更为重要。由于降水和气温的标准化回归系数均为正值,所以在研究区域降水增多和气温升高都会有利于该地区植被 NPP 的增加,反之则会使 NPP 减小。由于近几十年来藏西北高寒牧区的气温和降水量总体均呈增加趋势,所以使得草地 NPP 也会有所增加。

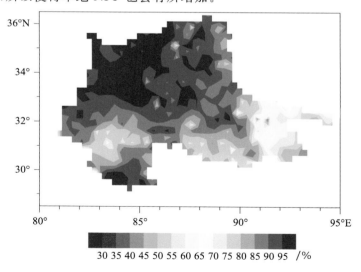

图 3.23 降水量和气温对 NPP 的相对重要率

3.3.2　未来预估

为了评估未来气候变化情况下藏西北高寒牧区的植被 NPP 变化情况,利用国际耦合模式比较计划第五阶段(CMIP5)中 16 个耦合模式的未来气候变化情景数据的集合平均结果,预估了 21 世纪 RCP2.6、RCP4.5 和 RCP8.5 情景下(分别对应低、中和高浓度排放)研究区植被净初级生产力的时空变化特征。三种排放情景下当全球升温 2 ℃时,青藏高原地面气温平均分别升高 2.99 ℃、3.22 ℃和 3.28 ℃,均超过全球升温速率,降水量分别增加 8.35%、7.16%和 7.63%,发生时间为 2063 年、2040 年和 2036 年(李红梅 等,2015)。据此得出三种情景下的研究区 NPP 预估结果,为了方便比较,把三种情景下的 5000 kg/(hm² · a)等值线和研究时段内的气候态平均 5000 kg/(hm² · a)等值线标在同一张图,得到图 3.24,首先,对比三种情景各自对藏西北高寒牧区植被 NPP 的影响,可以看到,代表三种情景的"红""绿""蓝"三条线在 5000 kg/(hm² · a)等值线上几乎重叠,说明未来气候变化的三种情景对研究区植被 NPP 平均状态影响区别不大,但在代表较高净初级生产力水平的 7500 kg/(hm² · a)等值线上,"绿""蓝"两条线与"红"线出现较小幅度分岔,表明 RCP4.5 和 RCP8.5 情景下比 RCP2.6 情景下对研究区东南部植被 NPP 的影响更为显著。其次,将三种情景下的研究区内植被 NPP 与 1998—2016 年气候平均比较发现(黑色实线),未来三种情景下相比气候平均态 NPP 值 5000 kg/(hm² · a)水平线提升并不明显,较高净初级生产力(7500 kg/(hm² · a))水平线上 RCP4.5 和 RCP8.5 情景下对 NPP 影响同样区别不大,两者与 RCP2.6 情景下 7500 kg/(hm² · a)水平线依次比气候平均值上升约半个纬度。综上所述,当全球升温 2 ℃时,藏西北高寒牧区植被净初级生产力平均状态几乎没有变化,三种情景下仅对研究区东南部的较高净初级生产力有较小的改善作用,改善作用大小依次为高浓度排放≈中浓度排放>低浓度排放。对比施红霞等(2015)基于 CMIP5 模式模拟的三种排放情景下(RCP2.6、RCP4.5、RCP8.5)北半球高纬度 NPP 变化的结论,在中、低(RCP2.6、RCP4.5)排放情景下本研究结论与其类似,但是本研究明显低估了在高排放情景下(RCP8.5)的 NPP 变化情况,主要原因是 RCP8.5 情景下气温升高明显,研究区内的冻土融化有利于 NPP 的增加,但是由于 Thornthwaite Memorial 模型没有将这一过程考虑导致其结果明显被低估。

综上所述,通过研究藏西北高寒牧区草地覆盖度及净初级生产力的变化特征发现,研究区地表植被总体上较为稀疏,截至 2005 年,草地退化总面积为 14.19×10⁴ km²,占区域天然草地总面积的 39.64%,其中轻度退化面积最多,占退化总面积的 65.96%,其次是中度和重度退化,分别占 25.20%和 8.84%,但是以 2009 年开始草地退化有所缓解。从空间分布来看,处于显著、轻微退化区域的植被位于东部和东南部区域,主要的县有班戈县和申扎县近一半区域,那曲县大部、聂荣县大部,以及巴青、索县、比如和嘉黎各县部分区域;中西部和北部的植被变化幅度较小,大部分处于稳定状态,部分区域也出现了改善的情况,主要为尼玛、申扎和安多县。草地退化的主要原因,一是与近年来该区域的气候变化有关;二是草地超载率达到 59.18%,过度放牧引起的草地退化和沙化现象也越来越严重,是局部草地退化的根本原因;人口的增加和人类活动频繁对草场的破坏,也是近年来草地退化的主要原因。虽然草地覆盖度有退化的现象和趋势,但是作为衡量草地生态系统优劣的另一重要参数——净初级生产力却有略微的上升趋势,平均 NPP 每年增加速率为 0.54%,上升区域占总面积的 71.9%,仅中部局部区域呈下降趋势,区域平均 NPP 每年增加速率为 0.54%;分析气候因子对 NPP 的影响大小发现区域内降水的影响占主导因子,且随着纬度的升高影响越来越大,气温仅在东部小片区域影响相对更为重要;预估气候变化下 NPP 变化趋势发现,在三种排放情景下(RCP2.6、RCP4.5、RCP8.5)研究区 NPP 平均状态几乎没有变化,其影响仅限在研究区东南部的较高净初级生产力有较小的改善作用,改善作用大小依次为高浓度排放>中浓度排放>低浓度排放,表明气候变暖对研究区 NPP 改善作用有限。

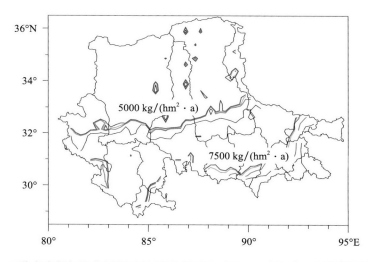

图 3.24 三种未来气候变化情境下的 NPP 值 5000、7500 kg/(hm² · a)等值线的变化情况

(红、绿、蓝、黑色实线分别代表 RCP2.6、RCP4.5、RCP8.5 和 1998—2016 年平均)

3.3.3 效益分析

藏西北高寒牧区草地植被覆盖度、草地净初级生产力、禁牧区植被,以及人工种草区域的植被长势等综合分析来看,藏西北区域植被总体呈现向好趋势发展。结合区域的减畜(牲畜存栏数变化)、禁牧措施,以及区域人口变化等数据来看,人为干预措施对植被的

影响主要有两部分:一方面,各类生态环境保护措施和政策对植被生态系统的改善具有积极的作用,如草原生态补偿政策的实施,有效降低了藏西北地区植被退化速率,使该区域植被整体呈现恢复态势,尤其是禁牧区域内的植被长势总体较好;另一方面,在自然因素和人为因素的协同作用下,藏西北局部区域也有植被持续退化的情况出现,其主要原因可能是部分交通条件相对较好的县(区),在经济发展和城镇建设等因素影响下区域人口增加、城市扩张等。

第4章 藏西北高寒牧区湖泊变化特征

    湖水是全球水资源的重要组成部分,地球上的湖泊(包括淡水湖、咸水湖和盐湖)总面积约为 2058700 km²,总水量约 176400 km³,其中淡水储量约占 52%,约为全球淡水储量的 0.26%。湖泊是重要的国土资源,具有调节河川径流、发展灌溉、提供工业和饮用水源、繁衍水生生物、沟通航运、改善区域生态环境以及开发矿产等多种功能,在国民经济的发展中发挥着重要作用,同时,湖泊及其流域是人类赖以生存的重要场所,湖泊本身对全球变化响应敏感,在人与自然这一复杂的巨大系统中,湖泊是地球表层系统各圈层相互作用的联结点,是陆地水圈的重要组成部分,与生物圈、大气圈、岩石圈等关系密切,具有调节区域气候、记录区域环境变化、维持区域生态系统平衡和繁衍生物多样性的特殊功能。

    青藏高原是地球上海拔最高、数量最多、面积最大的高原湖群区,是进行湖泊学和古湖泊学研究的重要区域,西藏大部分湖泊迄今为止仍缺乏详细的考察资料。近年来,学者对中国不同地区的部分湖泊进行了初步考察(秦大河 等,2002;蒲健辰 等,2004;崔洋,2010;陈渤黎,2014;余风,2015;拉巴 等,2016;拉巴卓玛 等,2017;Nie et al.,2017),发表了一系列湖泊变化特征方面的论著,为西藏湖泊研究提供了参考资料,如边多等(2010)指出,西藏那曲西部的色林错及周围的错鄂、雅根错的面积在 1975—2008 年呈较显著的扩大趋势。1999—2008 年色林错湖面面积扩大速率为 20%,平均增加了 420 km²/10a,已超过纳木错面积,成为西藏第一大咸水湖。雪冰融水量的增加是湖水上涨的根本原因,其次与降水量的增加和蒸发量的减少、冻土退化等暖湿化的气候变化有很大关系。西藏羊卓雍错的湖泊面积在 1975—2008 年呈缓慢下降趋势,其主要原因是由于该湖以降水补给为主,在降水增加、气温上升的情况下,由于升温引起的蒸发效应超过降水增加对其补给的影响,是湖泊面积下降的主要原因。卓嘎等(2007)分析了那曲市气候变化对该区湖泊面积的影响,湖泊流域的降水量、气温以及地面温度近年来呈上升趋势,而蒸发量、日照时数、最大积雪深度、最大冻土深度逐渐下降。这些要素变化与湖泊面积的增加具有显著的线性关系,根据这些气象要素的累积值建立的回归方程,能较好地拟合湖泊面积的变化。1974—2003年玛旁雍错流域冰川总面积在减少,多时相监测表明,冰川在加速退缩,且阳坡冰川的消融速度大于阴坡,坡度陡、面积小的冰川消融比例大于坡度缓、面积较大的冰川;湖泊面积先减小后有所增加,但总面积还是减小,不少小湖泊消失。分析流域附近气象资料可知,气温上升和降水量减少是玛旁雍错流域内冰川消融与退缩的主要原因(Guo et al.,2013)。

藏西北高寒牧区分布着众多诸如色林错、纳木错、扎日南木错等大型湖泊,是西藏湖泊分布最密的地区,区域内湖泊呈现内流区多、外流区少,内陆湖多、排水湖少,咸水湖多、淡水湖少的特点。近半个世纪以来,伴随着全球气候变暖及其影响下的冰川消融、冻土退化,藏西北高寒牧区的湖泊因补给条件差异而分别表现出扩张、萎缩、稳定三种状态,整体上以扩张趋势为主,其中1991—2010年是湖泊扩张最显著的时期。下面将利用2018年高分卫星和1972—2017年Landsat遥感数据对藏西北高寒牧区境内的6个主要湖泊进行遥感动态监测分析。

4.1 色林错

色林错(31°34′—31°57′N,88°33′—89°21′E)又名奇林湖,地处西藏自治区申扎、班戈和尼玛三县交界处,位于冈底斯山北麓、申扎县以北,曾是西藏第二大咸水湖,湖面海拔4530 m。1996—2022年湖面扩张速度为40.99%,平均扩张了240 km²/10a,已超过纳木错面积,成为西藏第一大咸水湖。

根据多源卫星遥感监测数据分析(图4.1),1972—2022年色林错湖面面积呈显著扩张趋势,平均每年增加20.71 km²。2000年以后湖泊面积持续扩张,与1972年相比,增加254.30 km²,增加率为15.56%;2003年湖泊面积达到2038.23 km²,超过纳木错面积,成为西藏第一大咸水湖;2022年湖泊面积高达2441.48 km²,为近51年最大值。

2022年色林错面积为2441.48 km²,较1972年(1634.03 km²)增加807.45 km²,增加率为49.00%;较2021年(2437.33 km²)增加4.15 km²,增加率为0.17%。

从1972—2022年色林错湖面空间变化来看(图4.2),色林错变化较明显的区域位于该湖的北部、西南角和东南部。2005年与1972年比较,湖的北部、西南部和东南部湖岸线分别向北、西南部、向东南部扩张明显,特别是湖的北部扩张非常明显。此外,2004年影像资料显示,色林错和其南部的雅根错开始相连,于2005年完全连成一片。

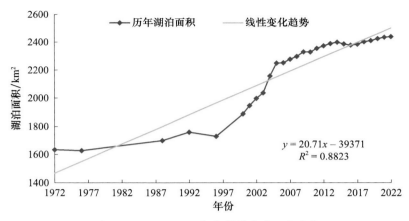

图 4.1　1972—2022 年色林错湖泊面积变化

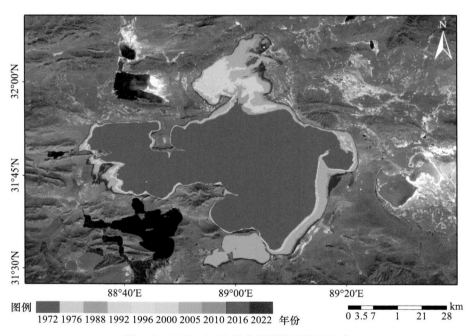

图 4.2　1972—2022 年色林错湖面空间变化

4.2　纳木错

纳木错($30°30′$—$30°55′$N，$90°16′$—$91°03′$E)位于藏北东南部，念青唐古拉山北麓，西藏自治区当雄县和班戈县境内。它是西藏第二大咸水湖，也是世界海拔最高的咸水湖，湖面海拔 4718 m。

根据多源卫星遥感监测数据分析(图 4.3)，1987—2022 年纳木错湖泊面积呈扩张趋势,平均每年增加 1.77 km²。2000—2022 年平均每年增加 0.64 km²,2010 年湖泊面积达到 2036.00 km²,为近 36 年最大值;2010 年较 2000 年增加 59.04 km²,增加率为2.99%;2011—2022 年湖泊面积波动减少。

2022 年纳木错湖泊面积为 2021.12 km²,较 1987 年(1960.81 km²)增加 60.31 km²,增加率 3.08%;较 2021 年(2021.01 km²)增加 0.11 km²,增加率为 0.01%。

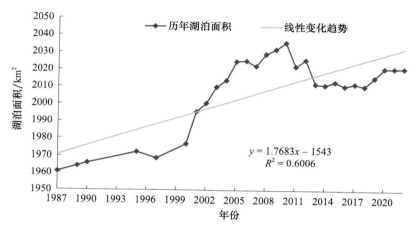

图 4.3　1987—2022 年纳木错湖泊面积变化

从 1987—2022 年纳木错湖面空间变化看(图 4.4),变化较明显的区域主要位于该湖的西部、东部。2010 年与 1987 年相比,湖的东、西部湖岸线分别向东、向西部扩张。

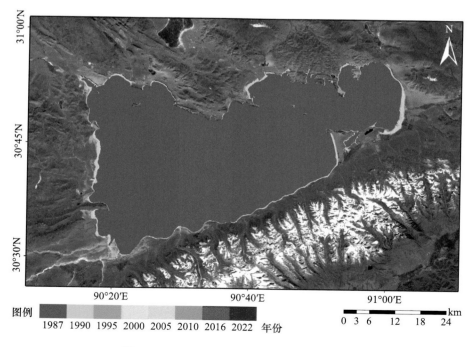

图 4.4　1987—2022 年纳木错湖面空间变化

4.3　扎日南木错

扎日南木错($30°44'$—$31°05'$N，$85°20'$—$85°54'$E)位于西藏阿里地区措勤县东北部。该湖为阿里地区面积最大、海拔最高的湖，也是西藏第三大湖泊。湖面海拔 4613 m，湖泊总面积约为 1147 km²。

根据多源卫星遥感监测数据分析(图 4.5)，1988—2022 年扎日南木错湖泊面积呈扩张趋势，平均每年增加 2.30 km²。其中，1988—1996 年湖泊面积减少 37.40 km²，1996年湖泊面积减至最低，为 949.37 km²；2000—2022 年湖泊面积减少 71.24 km²，减少率为7.37％。

2022 年扎日南木错湖泊面积为 1038.29 km²，较 1988 年(986.77 km²)增加 51.52 km²，增加率为 5.22％；较 2021 年(1043.89 km²)减少 5.60 km²，减少率为 0.54％。

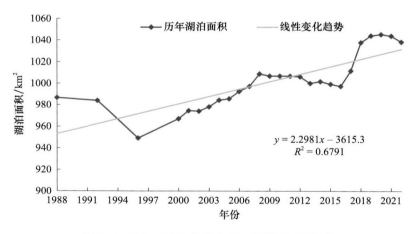

图 4.5　1988—2022 年扎日南木错湖泊面积变化

从 1988—2022 年扎日南木错湖面空间变化来看(图 4.6)，湖泊西部、西北部和东部湖岸线分别向西、西北、东扩张，尤其是西部和西北部措勤藏布河口附近最为明显。随着湖岸线的扩张，湖泊周边有两个小湖与扎日南木错主体湖泊相连，并且形成类似湖心岛的小型陆地。

图例
1988 1992 1996 2000 2005 2010 2016 2022 年份

图 4.6　1988—2022 年扎日南木错湖面空间变化

4.4　当惹雍错

　　当惹雍错(30°45′—31°22′N,86°23′—86°49′E)又名唐古拉攸木错,位于冈底斯山北坡拗陷盆地北部的东段,属西藏自治区尼玛县,湖面海拔 4528 m。第四纪时期,历史时期当惹雍错北面与当穹错、南边与许如错相连,长可达 190 km。由于气候变干,湖水退缩,当穹错、许如错与当惹雍错分离,遂成独立湖泊。

　　根据多源卫星遥感监测数据分析(图 4.7),1988—2022 年当惹雍错湖泊面积呈扩张趋势,平均每年增加 1.28 km²。2013 年较 1988 年增加 14.93 km²,增加率 1.80%。2022 年较 2013 年增加 18.15 km²,增加率 2.15%。

　　2022 年当惹雍错湖面面积为 862.95 km²,较 1988 年(829.87 km²)增加 33.08 km²,增加率为 3.99%;较 2021 年(865.74 km²)减少 2.79 km²,减少率为 0.32%。

　　从 1988—2022 年当惹雍错湖面空间变化来看(图 4.8),湖面变化较明显的区域位于湖的西南部和东南部,湖岸线均向外侧扩张。其中,2016 年西南面的小湖面积明显扩张,与当惹雍错连成一片。

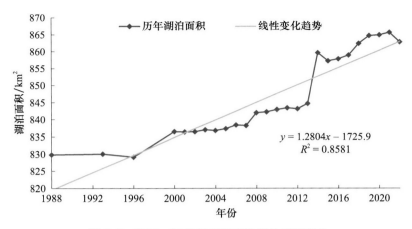

图 4.7　1988—2022 年当惹雍错湖泊面积变化

图 4.8　1988—2022 年当惹雍错湖面空间变化

4.5　塔若错

塔若错位于西藏日喀则市仲巴县境内,湖面海拔 4566 m,面积 486.6 km²。湖水主要依靠冰雪融水径流补给,有布多藏布等 19 条入湖河流,属藏北内陆湖,碳酸盐亚型淡水湖。

根据多源卫星遥感监测数据分析(图 4.9),1975—2022 年塔若错湖泊面积总体呈波动扩张趋势,平均每年增加 0.22 km²。1975—1996 年湖泊面积减少 12.26 km²,减少率为 2.54%;2020 年湖泊面积扩张至最大,为 493.51 km²,较 1996 年增加 23.40 km²,增加率为 5.00%。

2022 年塔若错面积为 488.11 km²,较 1975 年(482.37 km²)增加 5.74 km²,增加率为 1.19%;较 2021 年(491.03 km²)减少 2.92 km²,减少率为 0.59%。

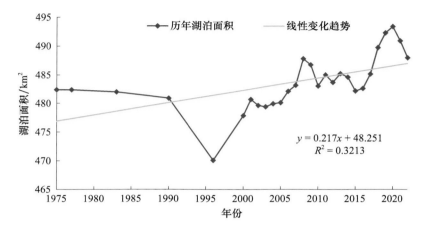

图 4.9　1975—2022 年塔若错湖泊面积变化

从 1975—2022 年塔若错湖面空间变化来看(图 4.10),湖面扩张较明显的区域主要集中在湖的东部和南部。

图 4.10　1975—2022 年塔若错湖面空间变化

综上所述,研究区几大湖泊均表现为扩张趋势,其中,色林错扩张面积最大且增速最快,扩张了 49.00%,纳木错扩张了 3.08%,扎日南木错湖扩张了 5.22%,当惹雍错和塔若错分别扩大了 3.99%、1.19%。

4.6　其香错

其香错(32°24′—32°31′N,89°52′—90°04′E)又名气香错、齐波江错。在班戈县境内,唐古拉山南坡一山间盆地内。盆地外围南、东岸为比高 200 m 以下、第三纪红层质低山,北岸为灰岩质低山,山前洪积扇宽 1.0 km,分布两级湖滨阶地,分别高出现湖面 7.0 m 和14.0 m;滨湖西岸为宽 1.0～2.0 km 的白色盐碱沼泽,长有嵩草,是当地较好的牧场,地势平坦。水面海拔 4610.00 m,湖泊长 18.1 km,宽最大 13.5 km,平均宽 8.23 km,湖泊面积 149.0 km²。岸线长 54.0 km,发育系数 1.26。集水面积 2639.00 km²,补给系数16.7。湖水主要依赖地表径流补给,主要入湖河流有戳润曲、改来曲、色曲、夏龙曲、夏玛纳多曲等,以夏玛纳多曲最大,长 61.0 km,源头海拔 5415 m。泉水亦是湖泊的重要补给源,滨湖泉水广泛出露,其中西北岸色哇区政府驻地的色哇泉水,稳定流量 0.004 m³/s,矿化度 391.0 mg/L,总硬度 8.4 德国度;西岸的另一泉水,由数十处极细的泉眼汇成面积 300.0 m² 的水塘,水深 0.5～1.0 m,pH 值 7.0,塘水外泄入其香错,实测流量 0.02 m³/s。湖水透明度 1.95 m(水深 3.9 m 处),表层水温 9.0 ℃,底层水温 5.8 ℃。pH 值 10.2,矿化度 63.27 g/L。底质为黑色淤泥(王苏民 等,1998)。

利用 1988—2022 年 22 期 Landsat 陆地资源卫星、2 期高分卫星数据分析湖泊水域面积变化表明(图 4.11),近 35 a 湖泊水域面积呈显著增长趋势($R^2=0.92$,$P<0.001$),35 a内增长了 39.60 km²,增长率为 26.10%;其中 2022 年湖泊面积达到最大值 191.34 km²,1993年达到最小值为 151.43 km²。与 1988 年比较,2000 年湖泊面积增长了 5.84 km²,增长率为 3.85%,2000—2010 年湖泊面积增长了 24.78 km²,增长率为 15.73%。2010—2022年湖泊面积增长了 8.98 km²,增长率为 4.92%。

从湖泊面积空间变化上分析,其香错在近 35 a 内水域面积显著增大,湖泊面积不断向四周扩展,其中在东西方向和北部变化尤为显著(图 4.12)。1988 年与 2000 年比较,湖泊面积增大区域主要在东北和西南部,其他区域湖泊水域范围变化不大,到 2005 年时,湖泊面积继续保持增大趋势,且仍然以东西两侧的扩张占主导,另外在湖泊南部出现了新的扩张区,2010—2016 年,湖泊略微扩张,于 2022 年达到最大。

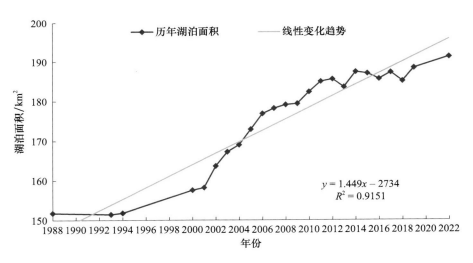

图 4.11　1988—2022 年其香错湖泊面积变化

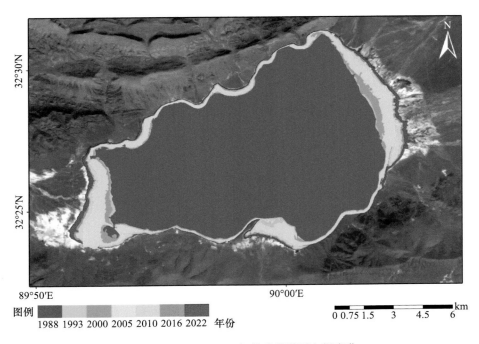

图 4.12　1988—2022 年其香错湖面空间变化

第 5 章　藏西北高寒牧区冰冻圈的变化

冰冻圈是指水分以冻结状态(雪和冰)存在于地球表层的一部分,它由雪盖、冰盖、冰川、多年冻土及浮冰(海冰、湖冰和河冰)组成。冰冻圈以高反照率、高冷储、巨大相变潜热、强大的冷水大洋驱动,以及显著的温室气体源汇作用而对全球和区域气候系统施加着强烈的反馈作用,是气候系统五大圈层之一。在气候系统五大圈层中,气候变化对冰冻圈(包括冰川、冻土、积雪、海冰等)的影响首当其冲。过去几十年来,全球范围内冰冻圈各要素加速退缩,对区域水资源、生态系统、社会经济系统(如农业、水电、旅游等)和人类福祉产生严重影响(崔洋,2010)。

作为青藏高原"亚洲水塔"的核心区域,藏西北高寒牧区孕育着包括中纬度最大的陆地冰川在内的众多冰川,也是同纬度多年冻土区分布面积最广的区域(秦大河 等,2002),它的冰川变化幅度是小冰期以来中国西部冰川变化幅度中最小的,仅为7%(蒲健辰 等,2004),这是由于极大陆型冰川对气候变化的动力响应相对较为迟缓,使得冰川退缩速率较小。

伴随着气候变化,藏西北高寒牧区对气候变化的响应尤为剧烈,它的平均升温幅度是同期全球平均值的 2 倍,使得这个地区成为全球变暖背景下环境变化不确定性最大的地区之一;冰冻圈变化给"亚洲水塔"带来水循环失衡的危险,这包括冰川退缩、冻土退化、冰湖溃决、冰崩、泥石流等对人类生存环境和经济社会发展造成重大影响的过程。

5.1 冰 川

作为冰冻圈的重要组成部分,藏西北高寒牧区的冰川对亚洲地区水资源压力的缓解具有重要意义,特别为中国西部地区的水资源安全、生态安全和经济社会发展提供了重要保障。因此,全面认识藏西北高寒牧区冰川变化及其影响,对阐明冰川与气候及人类活动的相互作用关系,明确冰川未来变化趋势与提出应对措施具有重要的科学与社会意义。

藏西北高寒牧区的冰川大多属于极大陆型冰川,境内分布有普若岗日、古里雅等12个大型陆地冰川(图 5.1)。如普若岗日发育了中低纬度地区最大的冰原。藏色岗日、布若岗日、马兰山等则发育了许多较大的冰帽形冰川。另外,由于高原诸山脉复杂的地形条件的影响,各地冰川类型复杂,规模悬殊,活动性差别大,其对人类生活的影响也各不相同(蒲健辰 等,2004)。根据多年的遥感监测显示,境内发育的众多冰川大多呈现快速萎缩趋势,冰川面积退缩的年平均速率(APAC)为 0.145%,年平均退缩速率为 3.004 km²/a,但也有部分冰川处于前进状态;余风(2015)对"第三极冰川"普若岗日冰川进行考察时指出冰川处于严重退缩状态,年退缩量已达 1~2 m;拉巴等(2016)分析了 1992—2014 年青藏高原北部的普若岗日冰川和冰川流域的湖泊面积,结果表明普若岗日冰川面积总体呈退缩趋势,期间退缩了 15.29 km²;拉巴卓玛等(2017)指出,位于西藏北部当惹雍错南北的青扒贡垄山冰川和达尔果雪山冰川处于退缩趋势;Nie 等(2017)研究指出了申扎杰岗日冰川 1976—2015 年的退缩趋势。

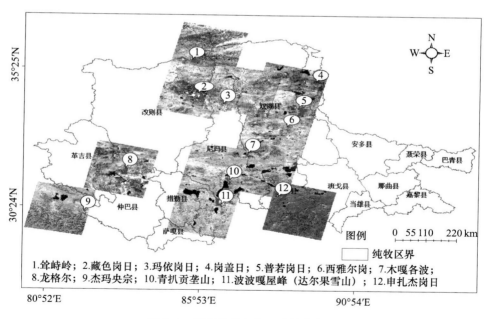

图 5.1 藏西北高寒牧区冰川分布图

进一步全面监测各冰川动态变化情况,研究这一区域冰川萎缩的机理,对于如何应对气候变化带来的生态环境效应具有十分积极的作用。下面将着重分析分布在藏西北高寒牧区的几个大型冰川在近几十年来的面积变化情况。

5.1.1 古里雅冰川

古里雅冰川位于研究区北部边缘的西昆仑山(图 5.2),介于西藏自治区和新疆维吾尔自治区,大部分冰盖位于西藏自治区境内,是目前在中低纬度发现的最高、最大、最厚和最冷的冰帽。该冰帽是一个极地型冰川,不仅冰温、冰川性质与极地冰相近,而且冰面气候环境特征也同极地冰盖一样具有明显的空间变化特征。古里雅冰帽是迄今在中国发现的最稳定的冰川。

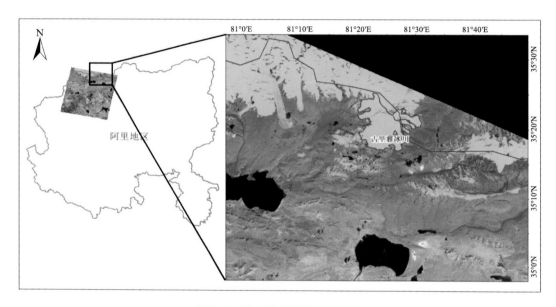

图 5.2 古里雅冰川位置示意图

利用 1993 年、1996 年、1999 年和 2000—2021 年多源卫星遥感数据分析(图 5.3),古里雅冰川面积变化呈减少趋势,平均面积为 137.86 km²,平均每年减少 0.008 km²。1993—2002 年冰川面积减少 1.87 km²,面积变化率为−1.35%;2003—2021 年呈波动减少,面积减少 0.42 km²,面积变化率为−0.3%;2021 年冰川面积为 137.5 km²,较 1993 年减少 1.37 km²,面积变化率为−0.99%

从提取的 25 a(1993 年、1996 年、1999 年和 2000—2021 年)多源卫星遥感数据对古里雅冰川空间变化分析来看(图 5.4),冰川面积整体较稳定,但东部变化较明显。

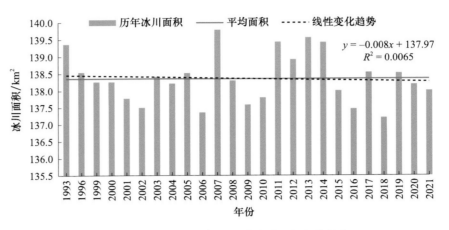

图 5.3　1993—2021 年古里雅冰川面积变化趋势

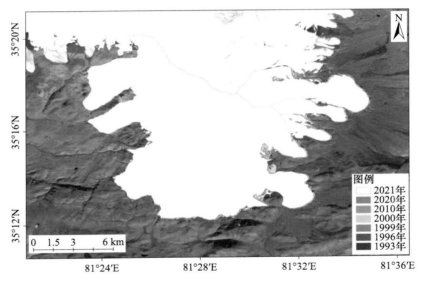

图 5.4　1993—2021 年古里雅冰川空间变化

5.1.2　普若岗日冰川

普若岗日冰川位于西藏那曲市,是藏北高原最大的由数个冰帽型冰川组合成的大冰原。冰川分布范围介于 33°44′—34°04′N,89°20′—89°50′E,覆盖总面积为 422.58 km²,冰储量为 52.5153 km³,冰川雪线海拔 5620～5860 m,是世界上最大的中低纬度冰川,也被确认为是世界上除南极、北极以外最大的冰川。

利用 1976 年、1984 年、1992 年、1996 年和 2000—2021 年多源卫星遥感数据分析（图 5.5），普若岗日冰川面积变化整体呈现波动减少趋势，平均面积为 411.08 km²，平均每年减少 1.0421 km²。其中，2021 年冰川面积达到最低值为 390.41 km²，较 1976 年减少 45.16 km²，面积变化率为－10.37%。

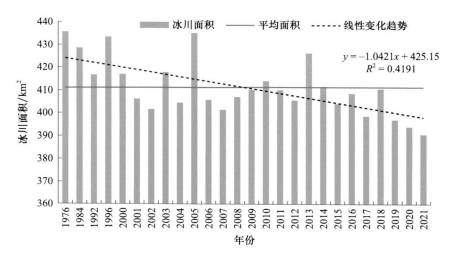

图 5.5　1976—2021 年普若岗日冰川面积变化趋势

从提取的 25 a（1976 年、1984 年、1996 年和 2000—2021 年）多源卫星遥感数据对普若岗日冰川空间变化分析来看（图 5.6），冰川四周均处于退缩状态。其中，位于冰川西部偏北和南部变化不明显以外，其他区域退缩较明显。

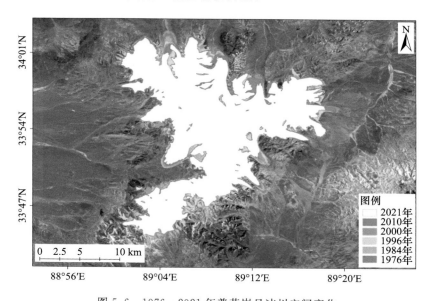

图 5.6　1976—2021 年普若岗日冰川空间变化

5.1.3　申扎杰岗日冰川

申扎杰岗日冰川位于西藏自治区申扎县西南部（88°25′—88°42′E，30°29′—30°53′N）（图 5.7），最高峰甲岗峰海拔 6444 m，共有冰川 133 条，面积约 87 km²，其中以悬冰川数量最多，共 106 条，面积 38 km²，较大的冰川为甲岗峰南的扎嘎冰川，朝向东，长 3.6 km，面积 3.47 km²，末端海拔 5380 m，粒雪线海拔 5700 m，岗清万弄冰川是杰岗日山最大的冰川，长 4.1 km，面积 4.26 km²，冰舌末端海拔 5630 m，冰川融水哺育了申扎河两岸大片的沼泽，汇入格仁错。

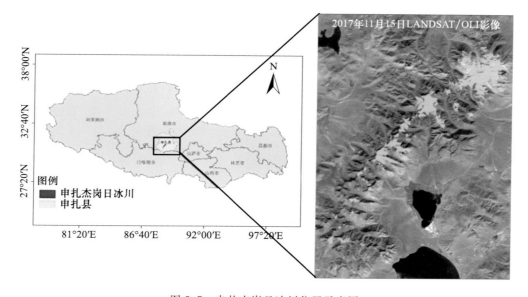

图 5.7　申扎杰岗日冰川位置示意图

利用 1976 年、1989 年和 2000—2021 年多源卫星遥感数据分析（图 5.8），申扎杰岗日冰川面积变化总体呈现减少趋势，平均面积为 80.5 km²，平均每年减少 1.3788 km²。2021 年冰川面积为 69.91 km²，较 1976 年减少 48.15 km²，面积变化率为−40.78%。

从提取的 24 a（1976 年、1989 年和 2000—2021 年）多源卫星遥感数据对申扎杰岗日冰川空间变化分析来看（图 5.9），冰川山脉西坡方向及其南部零碎冰川有明显减少的现象。

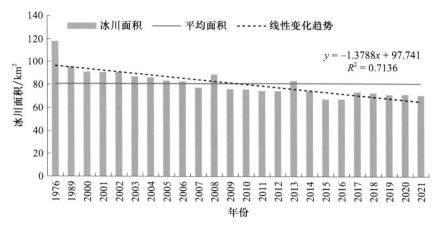

图 5.8　1976—2021 年申扎杰岗日冰川面积变化趋势

图 5.9　1976—2021 年申扎杰岗日冰川空间变化

5.1.4　杰马央宗冰川

杰马央宗冰川(30°14′N,82°12′E)位于青藏高原西南部边缘的喜马拉雅山中西段交界处,西藏日喀则市仲巴县境内,是雅鲁藏布江的正源。分析发现,1974—2010 年杰马央宗冰川面积减少了 5.02%(由 21.78 km² 减少至 20.67 km²),冰川末端退缩了 768 m (21 m/a),自 2000 年开始末端退缩速度明显加快;冰湖面积增加了 63.7%(由 0.70 km² 增加至 1.14 km²),冰湖体积扩大约 9.8×10⁶ m³。

　　根据 1987 年、1992 年、1996 年、1998 年和 2000—2021 年多源卫星遥感数据分析,杰马央宗冰川面积变化呈退缩趋势(图 5.10a),平均面积为 19.26 km²,平均每年减少 0.138 km²;冰川末端冰湖面积呈增大趋势(图 5.10b),平均面积为 1.14 km²,平均每年增加 0.024 km²。杰马央宗冰川面积在 2021 年达最小值(17.21 km²),较 1987 年减少 4.02 km²,面积变化率为 −18.94%;冰川末端冰湖面积 2021 年为 1.30 km²,较 1987 年增加 0.58 km²,面积变化率为 80.56%。

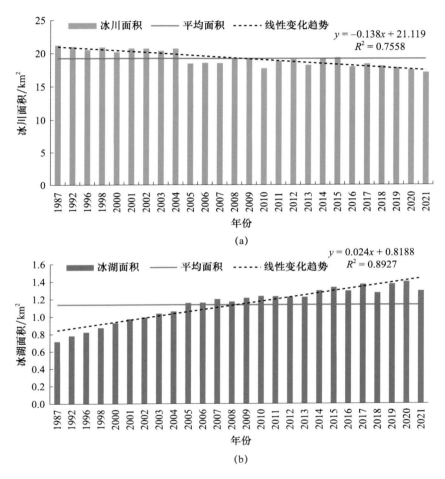

图 5.10　1987—2021 年杰马央宗冰川(a)及冰湖(b)面积变化趋势

　　从提取的 26 a(1987 年、1992 年、1996 年、1998 年和 2000—2021 年)多源卫星遥感数据对杰马央宗冰川及末端冰湖空间变化分析来看(图 5.11),冰川退缩及冰湖扩张较明显的区域均分布在冰舌处。

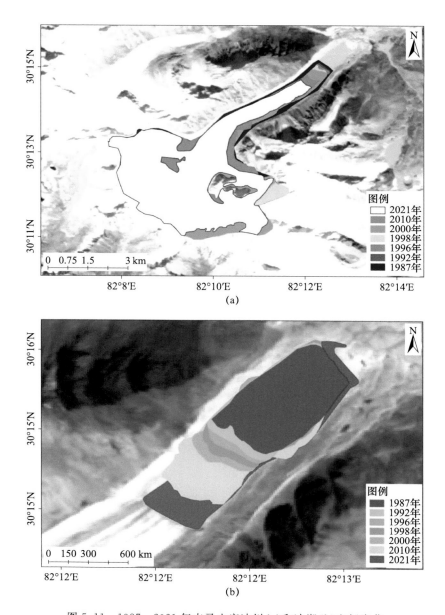

图 5.11　1987—2021 年杰马央宗冰川(a)和冰湖(b)空间变化

5.1.5　藏色岗日冰川

藏色岗日冰川位于阿里地区改则县古姆乡境内,地处唐古拉山脉,地势高峻,海拔6460 m,是改则县境内海拔最高的雪山。

利用 1977 年、1984 年、1991 年、1993 年、1996 年和 2000—2021 年多源卫星遥感数

据分析(图 5.12),藏色岗日冰川面积变化整体呈下降趋势,平均面积为 203.6 km²,平均每年减少 0.3267 km²。2021 年冰川面积为 200.76 km²,较 1977 年减少 14.5 km²,面积变化率为 -6.74%。

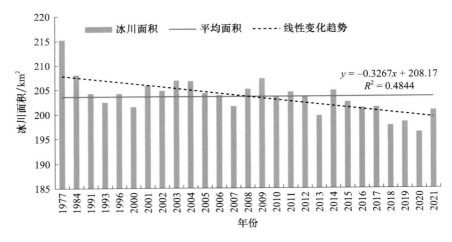

图 5.12　1977—2021 年藏色岗日冰川面积变化趋势

从提取的 27 a(1977 年、1984 年、1991 年、1993 年、1996 年和 2000—2021 年)多源卫星遥感数据对藏色岗日冰川空间变化分析来看(图 5.13),冰川北部和东南部的冰舌处退缩明显。

图 5.13　1977—2021 年藏色岗日冰川空间变化

5.1.6　木戈嘎布冰川

1989—2018 年木戈嘎布冰川平均面积为 53.37 km²,总体呈减少趋势(图 5.14),冰川面积从 1989 年的 55.06 km² 减少到 2018 年的 52.64 km²,冰川面积减少 2.42 km²,面积变化率为 4.39%;冰川空间变化显示冰川退缩主要集中在冰川末端(图 5.15)。

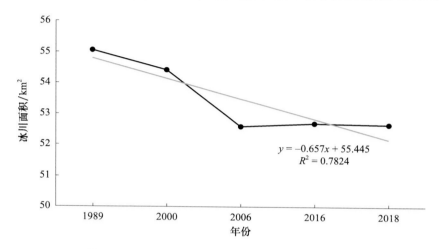

图 5.14　1989—2018 年西藏木戈嘎布冰川面积变化

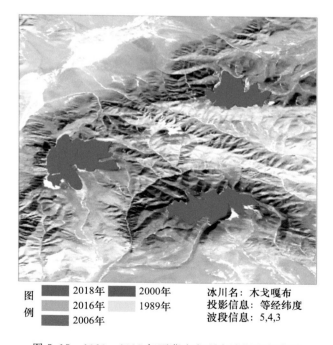

图 5.15　1989—2018 年西藏木戈嘎布冰川空间变化

5.1.7 玛依岗日冰川

1989—2018 年玛依岗日冰川面积有所增加(图 5.16),1989 年冰川面积为19.26 km²,2018 年冰川面积为 20.62 km²,近 30 a(1989—2016 年)冰川面积增加 1.36 km²,面积变化率 7.16%,虽然该冰川整体面积有所增加,但是冰川末端同样处于退缩状态(图 5.17)。

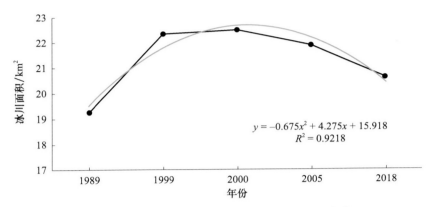

$$y = -0.675x^2 + 4.275x + 15.918$$
$$R^2 = 0.9218$$

图 5.16 1989—2018 年西藏玛依岗日冰川面积变化

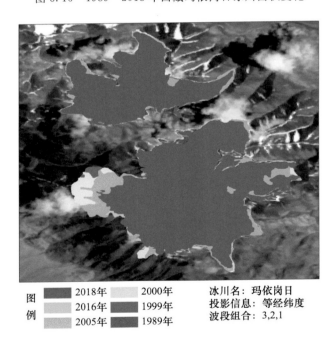

图例	2018年	2000年
	2016年	1999年
	2005年	1989年

冰川名:玛依岗日
投影信息:等经纬度
波段组合:3,2,1

图 5.17 1989—2018 年西藏玛依岗日冰川空间变化

通过近几十年的藏西北高寒牧区冰川面积时空变化分析,可以看出,总体上区域内的几大冰川在近几十年来都呈现出显著的萎缩趋势,只有玛依岗日冰川面积有较小的增加。

5.2　冻　土

青藏高原是副热带地区多年冻土面积最广、厚度最大的地区(崔洋,2010)。冻土区的厚度变化以及土壤的冻融起始期均对气候变化极为敏感,是气候变化的指示计(陈渤黎,2014);另一方面,冻土区的冻融过程通过与大气交换热量与水分形式作用于上层大气,进而影响气候系统,高原冻土区活动层的这种季节性冻融过程是青藏高原最显著的地表物理特征之一(夏坤 等,2011)。

随着我国"一带一路"倡议的不断推进和气候变暖影响的日益显著,多年冻土变化对生态、水文、气候和工程建设的影响日渐突出(赵林 等,2017),而青藏高原多年冻土出现温度升高、活动层变厚、冻土期推迟、解冻日偏早等趋势的观测事实(Zhao et al.,2010;杜军 等,2012),已有的研究结果显示,青藏高原腹地活动层以 3.6~7.5 cm/a 的速率增加(Wu et al.,2010;Li et al.,2012),多年冻土退化呈现出加速趋势(Cheng et al.,2007)。最新的研究结果显示,青藏高原多年冻土面积达 1.06×10^6 km²(Zou et al.,2017),活动层厚度增加 0.15 m/10a,冻结时长缩短速率为 9.7 d/10a(Guo et al.,2013),年平均地温升高(Ding et al.,2019)。青藏公路沿线 6.0 m 深度处的多年冻土温度自 1996 年以来的十几年间升高了 0.08~0.55 ℃(Zhao et al.,2010;Li et al.,2012)。

冻土退化会影响多年冻土区地下冰、地下水补给源和补给量、径流路径和排泄过程以及地下水与地表水的交换等(Bense et al.,2009)。因此,气候变化和冻土退化正在深刻影响着冻土水文地质过程(Jin et al.,2009,2000;王根绪 等,2000)。此外,多年冻土区生态系统明显依赖于水热状态和浅表层水文过程;后者的变化以及相应的水文地质条件的改变对水土资源可持续利用影响很大(王根绪 等,2000)。由于多年冻土退化,地表植物可利用水分大为减少,导致依赖于冻结层上水的短根系植物枯死、生物多样性种群变异、生态系统植物退化和荒漠化趋势增强等生态环境问题。这些变化无疑会对多年冻土区地下冰和有机碳的形成、存储环境,对多年冻土区地表的水、土、气、生间的相互作用关系产生影响,进而影响着区域水文、生态乃至全球气候系统,最终影响到人类工程活动及区域可持续发展(程国栋 等,2019)。因此,迫切需要厘清青藏高原多年冻土现状、了解其变化特征,更好地为气候变化、水文循环过程和社会经济发展服务。

5.2.1 藏西北高寒牧区土壤冻结状况及冻土特征分析

畜牧业是西藏传统支柱产业,在西藏国民经济和农牧区经济中均占有较大比重。由于受西藏特殊生态环境的制约和一定程度的人类活动的影响,主要是高寒、干旱、冻融以及过度放牧、拾畜粪作为燃料等原因,导致草原生产力下降,成为影响生态安全的重要因素。因此,本章将研究区(典型生态区)选定为西藏 15 个纯牧业县(区),其中,那曲市 9 个(尼玛县、双湖特区、申扎县、班戈县、那曲县、嘉黎县、安多县、聂荣县、巴青县),阿里地区 3 个(革吉县、改则县、措勤县),日喀则市 2 个(仲巴县、萨嘎县),拉萨市 1 个(当雄县)。

开展藏西北典型生态区生态环境变化遥感监测,是藏西北经济社会发展的需求。藏西北地域辽阔,地表类型丰富多样,为了解和掌握生态环境本底状况,充分估量资源和环境的承载力,迫切需要利用卫星遥感监测和调查,为促进经济发展与资源利用、环境保护相协调,以及进行农牧业产业结构调整提供科学依据。

5.2.1.1 西藏纯牧区土壤冻结特征

20 世纪 80 年代青藏高原土壤冻结偏早,解冻偏晚,冻结日数偏多;而 90 年代正好相反,冻结偏晚,解冻偏早,冻结日数偏少。1981—1999 年,土壤始冻日期呈偏晚趋势,解冻日期呈偏早趋势,土壤冻结总体呈退化趋势(高荣 等,2003)。本节选取西藏 15 个纯牧业县(本研究区),分析其土壤冻结开始日期和终止日期。

(1)土壤冻结开始日期

采用藏西北高寒牧区现有的那曲、安多、当雄 3 个气象观测站冻土监测记录以及与纯牧区同属一个气候类型区或者同一海拔高度区间的有实测长序列冻土监测记录的站点以点带面的形式弥补观测资料的不足,分析研究近 48 a(1971—2018 年)土壤冻结开始日期。统计分析表明:海拔 4500 m 以上地区土壤冻结平均开始日期为 10 月 14 日(图 5.18);3200~4500 m 中等海拔地区土壤冻结平均开始日期为 10 月 25 日(图 5.19)。根据《西藏气候变化监测公报(2018 年)》得出的分析结论显示:2018 年,海拔 4500 m 以上地区土壤冻结平均开始日期为 11 月 8 日,较常年值偏晚 25 d,是 1971 年以来最晚年;3200~4500 m 中等海拔地区土壤冻结平均开始日期为 11 月 11 日,较常年值偏晚 16 d,为 1971 年以来最晚年(杜军,2019)。

根据藏西北高寒牧区土壤冻结开始日期变化趋势空间分布来看,近 48 a(1971—2018 年)当雄站土壤冻结开始日期趋于偏早,平均偏早 2.00~3.77 d/10a;其余各站土壤冻结开始日期均呈现为推迟趋势,平均推迟 0.15~6.39 d/10a。

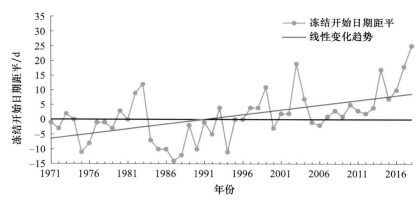

图 5.18　1971—2018 年西藏海拔 4500 m 以上
地区土壤冻结开始日期距平变化

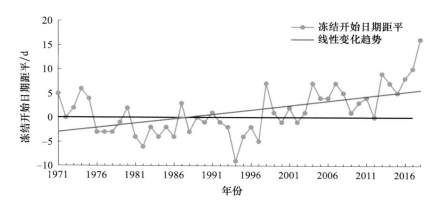

图 5.19　1971—2018 年西藏海拔 3200～4500 m 地区
土壤冻结开始日期距平变化

（2）土壤冻结终止日期

统计分析 1971—2018 年藏西北高寒牧区那曲、安多、当雄 3 个气象观测站冻土监测记录表明：海拔 4500 m 以上高海拔地区土壤解冻平均日期为 5 月 30 日；3200～4500 m 中等海拔地区土壤解冻平均日期为 4 月 21 日。2018 年，4500 m 以上高海拔地区土壤解冻平均日期为 4 月 28 日，较常年值偏早 33 d，为 1971 年以来最早年；3200～4500 m 中等海拔地区土壤解冻平均日期为 3 月 24 日，较常年值偏早 15 d，为 1971 年以来第五偏早年；3200 m 以下低海拔地区土壤解冻平均日期为 1 月 26 日，较常年值偏早 35 d，为 1971 年以来最早年（杜军，2019）。

分析藏西北高寒牧区土壤冻结终止日期（土壤解冻日期）变化趋势表明，各海拔高度上土壤解冻日期均呈提早趋势。其中，海拔 4500 m 以上地区偏早最为明显（图 5.20a），平均每 10 a 提早 7.44 d（$P<0.001$），3200～4500 m 中等海拔地区每 10 a 提早 5.70 d（图 5.20b）。

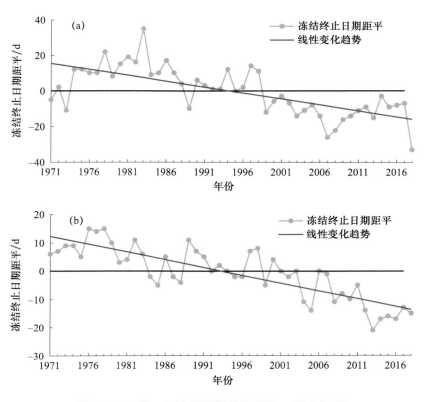

图 5.20 1971—2018 年西藏海拔 4500 m 以上(a)和
海拔 3200～4500 m(b)地区土壤冻结终止日期距平的变化

　　根据藏西北高寒牧区土壤冻结终止日期变化趋势来看,近 48 a(1971—2018 年)各站土壤解冻期均呈现提早趋势,平均每 10 a 提早 0.03～11.13 d,其中安多偏早最多。

　　(3)藏西北高寒牧区土壤冻结期

　　统计分析表明,近 48 a(1971—2018 年),海拔 4500 m 以上地区平均土壤冻结期约230 d;从当年的 10 月 14 日开始冻结至翌年的 5 月 30 日解冻,冻结期长达 7 个月零 20天;海拔 3200～4500 m 中等海拔地区土壤冻结期平均 164 d,从当年的 10 月 25 日开始冻结至翌年的 4 月 21 日解冻,冻结期长达 5 个月零 4 天。

5.2.1.2 西藏纯牧区冻土特征分析

　　高原上,随着海拔高度的增高,温度逐渐降低,当温度稳定降至 0 ℃以下时,就形成了冻土(图 5.21)。作为全球最主要的高海拔冻土区,青藏高原现存多年冻土面积约126×10^4 km²,约占高原总面积的 56%(程国栋 等,2019)。近几十年气候变暖是冻土退化的基础因素,人为活动在局部加速了冻土退化。高原冻土在 1976—1985 年基本处于相对稳定状态,1986—1995 年逐渐地向区域性退化趋势发展,1996 年至今已演变为加速退化阶段,推测未来几十年内冻土退化仍会保持或加速(程国栋 等,2019)。

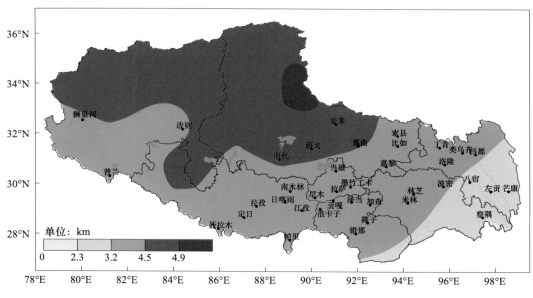

图 5.21 西藏不同海拔高度土壤冻结期空间分布

(1)最大冻土深度监测实况

西藏现有气象观测站冻土监测记录表明,冻土的分布体现了明显的海拔高度和纬度地带性规律,随着海拔高度的升高,冻土深度逐渐加深,纬度增加,冻土深度也在加深。西藏各地最大冻土深度的年变化有明显的差异,藏西北高寒牧区最大冻土深度出现在 3 月和 4 月(表 5.1)。

表 5.1 藏西北高寒牧区各主要代表站各月(年)最大冻土深度 单位:cm

站名	1	2	3	4	5	6	7	8	9	10	11	12	年均
那曲	234	269	281	281	276	247	0	0	7	20	88	173	281
安多	284	341	344	350	349	349	345	0	5	23	120	202	350
当雄	109	113	105	19	15	0	0	0	0	49	40	88	113

(2)最大冻土深度变化特征

统计分析表明,1961 年以来西藏季节性最大冻土深度呈持续减小趋势,不同海拔地区减小特征趋同存异。其中,海拔 4500 m 以上地区减小趋势最为明显,平均每 10 a 减小 16.63 cm(图 5.22a);3200~4500 m 中等海拔地区最大冻土深度趋于减少,减少速率为 −4.81 cm/10a(图 5.22b)。近 28 a(1991—2018 年)各海拔高度上最大冻土深度减幅更大,分别为 −39.37 cm/10a($P<0.001$)和 −7.26 cm/10a($P<0.001$)。

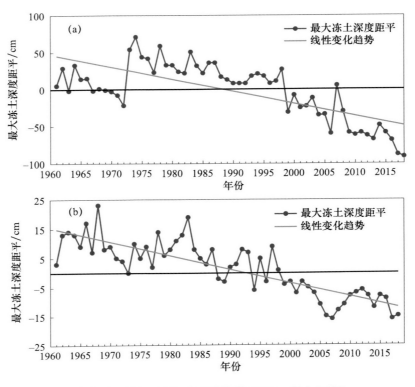

图 5.22　1961—2018 年西藏海拔 4500 m 以上(a)和

海拔 3200～4500 m(b)地区最大冻土深度距平变化

2018 年,4500 m 以上高海拔地区最大冻土深度为 154 cm,创 1961 年以来的新低,较常年值减小 91 cm;3200～4500 m 中等海拔地区最大冻土深度为 28 cm,也创 1961 年以来的新低,较常年值减小 21 cm(杜军,2019)。

从藏西北高寒牧区 1961—2018 年最大冻土深度变化趋势空间分布情况来看(图5.23、图 2.24),近 58 a(1961—2018 年)最大冻土深度各站均呈现出变浅的趋势,平均每10 a 变浅 0.9～36.4 cm,其中安多减幅最大,其次是那曲,为−21.3 cm/10a。近 28 a(1991—2018 年),安多站最大冻土深度变浅更为明显,变浅率高达−56.1 cm/10a;其次是那曲,变浅率为−22.6 cm/10a。

5.2.2　冻土冻融作用分析

研究高原冻土区冻融过程及其地气间的相互作用对于深刻认识冻土在气候系统中的作用尤为重要,虽然目前对高原地区的土壤冻融过程及其地气间的相互作用研究较多,但由于高原观测资料的缺乏,大多采用遥感和模拟手段,尽管两者在大范围、较长时间序列上有其独特的优点,但是其空间分辨率和精度上都有待提高(罗君 等,2013)。较

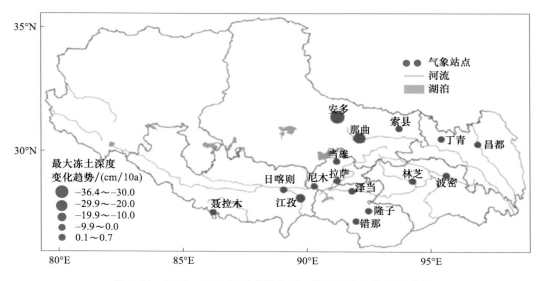

图 5.23　1961—2018 年西藏最大冻土深度变化趋势空间分布

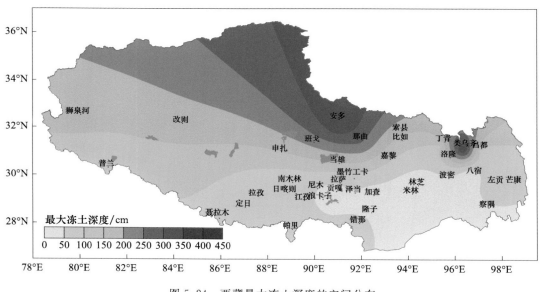

图 5.24　西藏最大冻土深度的空间分布

少的研究也采用传统的观测资料来分析土壤冻融循环过程,但由于观测资料的限制,大多采用地表温度的变化来表征土壤冻融过程(郭灵辉 等,2016),导致无法准确获知冻土区活动层的变化特征及其与上层大气间的能量交换的可能机制。

近年来,中国科学院在青藏高原多年冻土区内建立了较为全面的观测站点,为全面认识高原冻土变化及其影响机制提供了可能,为了解藏西北高寒牧区冻土的冻融作用,选取安多站作为多年冻土区典型下垫面,利用中国科学院那曲高寒气候环境观测研究站多层土壤温度、湿度以及同期的降水、相对湿度、气温以及积雪日数等的多要素气象数据,分析土壤冻融作用对地气间热量及水分交换的影响。

一年中冻土通常分为融化过程、完全融化、冻结过程和完全冻结四个阶段。采用Guo 等(2013)的方法,即忽略土壤中盐对冰点的影响,根据土壤的日最高和最低温度将土壤的不同阶段分别定义为:①当土壤日最高温度低于 0 ℃时,定义为冻结阶段;②当土壤日最低温度高于 0 ℃时,定义为完全融化阶段;③当土壤日最高温度高于 0 ℃且最低温度低于 0 ℃时定义为融化阶段和冻结阶段;完全融化阶段之后是冻结过程阶段,在完全冻结阶段之后是融化过程阶段。5 cm 深度土壤最早在 2 月下旬开始融化,随后几天又冻结,此后的几周内反复冻融过程,融化起始日期不是很清晰,所以这里我们采用 10 cm深度土壤的日最高和日最低温度来定义安多地区的整层土壤冻融过程(图 5.25),为了避免随机天气过程对土壤冻融阶段转变的影响,只有当连续三天满足下一阶段条件时,这三天中的第一天才作为下一阶段起始日期。

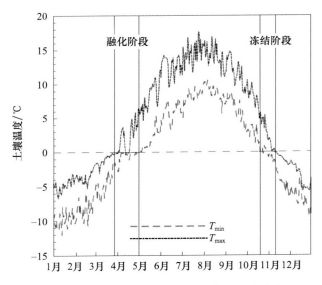

图 5.25　10 cm 深度土壤日最高、最低温度变化曲线

由于不同深度的土壤水热分布不同,各层土壤的冻融日期并不完全相同(表 5.2),各层土壤在 2 月下旬至 5 月下旬由上至下完成融化过程,随后经过 5 个月左右的完全融化期,10 月中旬起至 12 月上旬完成冻结过程。融化期普遍长于冻结期(表 5.3),40 cm 深度以下土壤在一天以内完成冻融过程,这与杨梅学等(2002)利用 1998 年的青藏高原科考取得的冻融日期观测资料相比,各层土壤的消融日期明显提前,冻结日期基本一致。160 cm 深度土壤在观测时间密度(1 h)内完成冻结过程。

表 5.2　不同土壤深度的土壤冻结起止日期(月/日)

阶段	土壤深度					
	5 cm	10 cm	20 cm	40 cm	80 cm	160 cm
融化期	02/23—05/23	04/02—05/01	04/21—05/04	05/06	05/12	05/28
冻结期	10/14—12/05	10/27—11/08	11/05—11/09	11/12	12/07	—

表 5.3　不同土壤深度的土壤冻结维持天数　　　　　　　　　　　单位:d

阶段	土壤深度					
	5 cm	10 cm	20 cm	40 cm	80 cm	160 cm
融化期	90	29	13	1	1	1
冻结期	50	12	4	1	1	—

注:—表示观测时间密度(1 h)内完成冻结。

从土壤水热时空分布剖面图(图 5.26)可以看出,土壤自上向下完成冻融过程,下层土壤冻融有一定的滞后,在图上表现为温度 0 ℃线随深度向右倾斜,土壤湿度大值(大于 0.15 m³/m³)在时间上集中在高原雨季(6 月中旬至 9 月下旬),空间上 10 cm 深度以上为湿度大值区,但是在 20 cm 附近有一个高的含水层,这可能跟观测点土壤质地有关。土壤上层的温度梯度要明显大于下层,说明下层土壤温度趋于均匀。在东亚季风暴发前期的 3 月中旬至五月上旬这段时间里,上、下层的土壤温度梯度在时间尺度上接近于 0,这可能是在融化过程中土壤将上层吸收的热量绝大部分用于水的相变造成的,应用数学公式推导融化期内温度波在地层内传播所得出的结论类似(Zhou et al.,2014)。

图 5.27a,b 分别是安多站六层土壤深度的日均温度、含水量的季节变化曲线,可以看出太阳辐射的季节变化至少影响到了 160 cm 深度的土壤,在夏季土壤吸收的热量由上向下输送,冬季情况相反。上下层土壤温度的转换时间大约为 3 月中旬到 4 月上旬,秋季的转换大约在 9 月中旬,土壤温度上升较为缓慢,上层土壤较下层变温幅度快,依次上升至 0 ℃水平,并在 6 月下旬至 9 月上旬整层土壤维持较高温度,此后由上至下迅速下降到 0 ℃以下水平。土壤含水量在融化期内由上至下迅速增加,此后随着雨季的到来,达到全年高值,随着气温的增加及降水的减少,土壤水分蒸发量加强,导致含水量迅速下降,10 月土壤自表层开始冻结,此时,只有极少的水分通过升华作用输送到大气,因此,冻结对于土壤起到了"锁水"的作用。

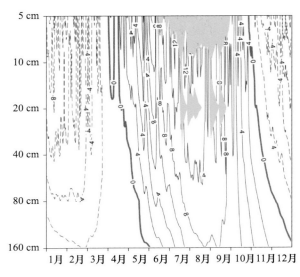

图 5.26　土壤水热分布时空剖面

（虚线为温度负值，实线为正值，阴影区为含水量高于 0.15 m³/m³）

虽然在东亚季风暴发前期的融化阶段整层土壤温度梯度很小，但是并不代表土壤与大气间的热量交换不强烈，图 5.27c 为 5 cm 土壤日温差距平图，可以看到在 4 月下旬至 6 月中旬表层土壤温度变化幅度为全年最大，最高日变幅达 22.5 ℃，表明这期间浅层土壤与大气热量交换强烈且绝大部分热量作用于融化过程。

较多的研究认为高原地面除冬季外均为热源，且最大加热源出现在 6 月（叶笃正 等，1979；季国良 等，1986）。在本节中研究安多站近地层感热通量也存在类似结论（图 5.28a）。可以看到安多站近地面除 12 月个别天数和 1 月上旬是冷源外，全年为地面热源，近地面感热通量从 1 月开始增大，到 6 月上旬达到峰值，之后逐渐减小。整层土壤在 5 月下旬前已经全部完成融化过程，土壤在完全消融后，吸收的热量不再作用于水的相变，整层土壤温度梯度加大，同时土壤湿度显著增大，反照率降低，吸收太阳短波辐射的能力增强，使得地面向大气加热能力迅速升高，这可能是造成 6 月初近地层感热通量达到峰值的主要原因，同期气温和地温也同时达到全年最高值（图 5.28b），但是，也有研究（王澄海 等，2011）利用青藏高原地区长时间序列的月平均资料分析表明，高原大部分地区气温与地温滞后地气温差一个月到达全年最高值，这大致是由于数据的处理方式不同造成的，我们用月平均资料代替日均值也得到了相同的结论。

与同时期的其他气象要素比较，近地层的感热通量变化趋势与气温、地温的变化趋势较为一致，即上半年上升，到 6 月上旬达到最大值，下半年下降。但是三者全年低值到达时间略有不同,且近地层感热通量在 12 月中旬有一个明显的反升现象,这可能是因为在 12 月中旬至下旬地表一直有积雪覆盖,积雪造成地表反射率增加,近地层大气吸收的太阳能量减少,气温降低,而积雪对土壤表层有保温作用,所以造成近地层感热通量反升的异常现象,因为本文中用 T_s-T_a 近似代替了近地层的感热通量,而没有考虑地表积雪对地面拖曳系数 Ch 的减小作用,所以在量值上有较大的高估;在积雪融化阶段,吸收大量土壤热量通过潜热释放到大气,造成地温、气温变化不同步现象。安多站降水集中在 6 月中旬至 9 月中旬,相对湿度也在同期达到全年极值,此时潜热释放起到主要作用,并使高原对流性天气频发,有云日数增多,到达地面的净辐射减少,此时近地层感热通量呈下降趋势。

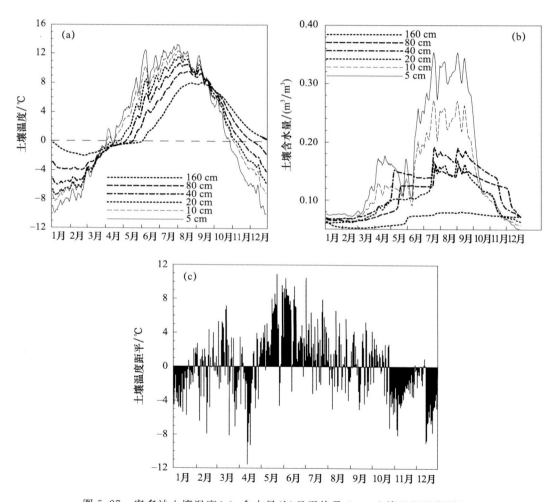

图 5.27　安多站土壤温度(a)、含水量(b)日平均及 5 cm 土壤日温差距平(c)

总之,冻融作用对地气系统能量交换的影响,主要由相应过程地层内水分相变引起。在夏季风暴发前期,一方面,通过融化作用,土壤从上层大气吸收热量,垂直温度梯度增大,同时湿度显著提高,造成土壤水分蒸发量增强,大气中的水汽含量增大(图 5.27b 中相对湿度增大),增加大气中潜热的释放;另一方面,融化作用使得土壤中的 CO_2、甲烷、水汽等温室气体释放到大气中,大气又强烈地吸收地表放出的长波辐射。这是一种正反馈过程,从而使得夏季风暴发前近地层感热通量最高。

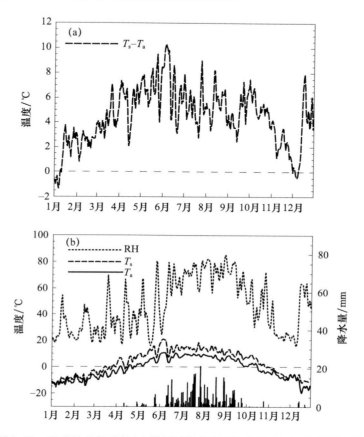

图 5.28　安多站地气温差(a)及相对湿度(RH)、气温(T_a)、地温(T_s)和
日累计降水日变化(b)

　　冻结作用使得在冬季整层土壤温度分布倒置,热量由下向上传递,致使土壤温度不至于太低,且只有极少的水分通过升华作用输送到大气中,保证了季风暴发前期足够的土壤含水量,冻土区这种融化吸热加湿、冻结放热锁水的类似"呼吸"作用的冻融过程,极大地增强了土壤与大气的热量、水分交换,这种影响可能对区域和全球的气候形成及变化具有重要意义。

5.3　积　雪

全球气候变暖大背景下,作为冰冻圈最为活跃和敏感因子,青藏高原积雪变化备受国内外关注。作为"世界第三极",青藏高原地处北半球中纬度地区,平均海拔 4000 m 以上,是北半球中纬度海拔最高、积雪覆盖最大的地区,成为仅次于南、北两极的全球冰冻圈所在地。青藏高原、蒙古高原、欧洲阿尔卑斯山脉及北美中西部是北半球积雪分布关键区,其中青藏高原是北半球积雪异常变化最强烈的区域(李栋梁 等,2011)。青藏高原又是我国和亚洲主要大江大河的发源地,冰雪融水是这些河流上游地区主要的补给水源。首先,高原积雪变化引起的融雪径流水资源年际与年内分配变化影响区域水资源的重新分配,其次,已有许多研究表明(段安民 等,2018;李燕 等,2018;韩世茹 等,2019),高原上积雪的多寡在不同尺度上直接影响着下游的天气气候系统,积雪通过改变地表反射率使得地气间的能量平衡发生改变,是重要的陆面因子,高原积雪的消融过程也是我国长江流域短期气候预测重要的参照因素。而随着气候变化在过去几十年以来高原积雪总体呈减少趋势(Duan et al.,2008;除多 等,2015),且不同季节的变化趋势又有显著的不同。

藏西北高寒牧区虽然不是高原上积雪分布最广的区域,但是它的积雪变率很高,而积雪的消融是对于天气气候系统和其他生态系统影响最为密切的因素,所以研究该区域的积雪年际以及季节变化对于研究多圈层相互作用、牧业生产生活、短期气候预测等都具有重要的意义。

5.3.1　积雪面积的变化趋势

最早的积雪观测是用雪标竿观测地面雪厚度。现在的地面观测主要是气象站所观测的积雪日数和积雪深度。但在偏远地区受地形影响没有站点,而积雪受地形、风向、热量的影响空间分布极不均匀,所以地面观测数据在对偏远地区估测上存在很大误差。遥感技术的发展为获取大面积积雪空间的分布提供了有效的数据。利用 2002 年 7 月至 2015 年 4 月 MODIS 日积雪无云产品,以一个水文年为研究时段(水文年通常为 9 月 1 日至次年的 8 月 31 日)来研究积雪面积在近十几年的变化特征。结果表明:2002—2015 年研究区积雪平均面积为 5.93 km²,积雪面积的年际波动较大,但是在近几年中这种年际变率有减小的趋势(图 5.29)。通过距平分析可以看出,2003—2004 年、2005—2006 年、2009—2010 年、2010—2011 年和 2012—2013 年为少雪年,其余时段为多雪年;分析不同海拔高度上的积雪变化显示，海拔 4000～4999 m 上积雪面积最大为 $3.89×10^4$ km²，海拔 6000 m 以上基本上为常年积雪或冰川覆盖，该海拔上积雪面积为 $0.142×10^4$ km²；分析不同季节的积雪面积表明（图 5.30），平均冬季积雪面积最大为 $7.57×10^4$ km²，其次，春、秋两季的积雪面积相差不多，分别为 $6.36×10^4$ km² 和 $6.16×10^4$ km²，夏季积雪面积最少，为 $2.81×10^4$ km²。

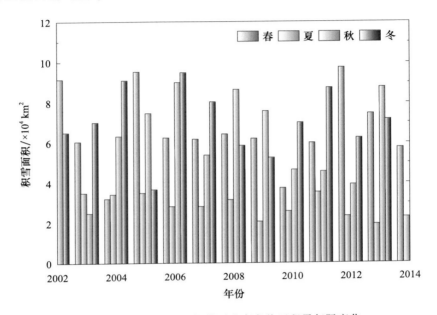

图 5.29　2002—2014 年藏西北高寒牧区积雪年际变化

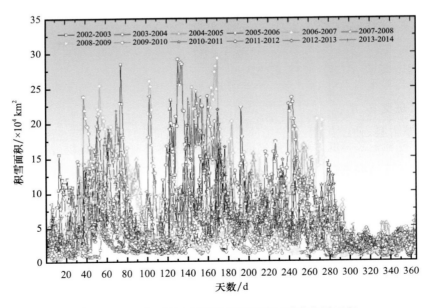

图 5.30　2002—2014 年藏西北高寒牧区季节积雪面积

5.3.2　积雪空间分布及变化趋势

将藏西北高寒牧区的积雪覆盖从0%～100%分为10个等级,80%以上可以认为是常年积雪覆盖区,50%～80%可以认为是季节性积雪覆盖区,50%以下为季节内变率较大的积雪覆盖区。结果表明(图5.31):2002—2015年高寒牧区积雪平均面积为5.93 km²,积雪覆盖从空间上呈现腹地少、四周多的分布特点,其中东部念青唐古拉山脉,嘉黎县境内各个山脉,北部普若岗日、藏色岗日、隆格尔等大型冰川区域积雪覆盖率最大,为常年覆盖区。

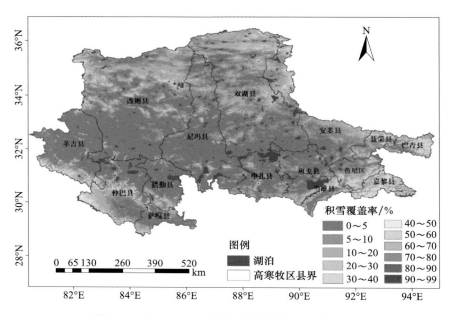

图5.31　2002—2015年藏西北高寒牧区积雪覆盖率

从变化趋势来看(图5.32),大部分区域的积雪面积都有显著的减少,安多县、双湖县、改则县、班戈县、申扎县和当雄县积雪面积减少最明显,尤其是纳木错周围积雪面积显著减少,革吉县、仲巴县、措勤县、萨嘎县和嘉黎县积雪面积整体上呈增加趋势,但是增加范围不稳定。

5.3.3　积雪日数及积雪深度的变化趋势

积雪日数的研究采用站点资料更为准确,为此采用1981—2018年的站点数据分析了近38 a藏西北高寒牧区的积雪日数变化情况(图5.33),结果表明,研究区域常年平均积雪日数为51.3 d。但是从20世纪90年末期减幅明显,38 a间平均每10 a减少9.8 d,

这与西藏平均水平和南部积雪较多的地区相比都处于积雪日数减少最为明显的区域,减幅最大的站点为安多站,平均每 10 a 减少高达 15.7 d。

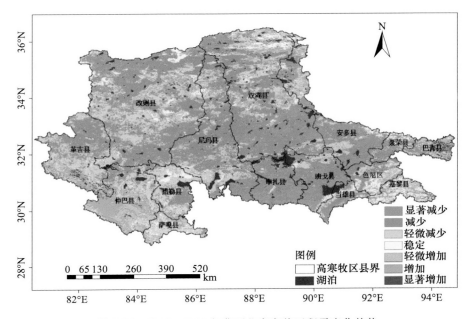

图 5.32　2002—2015 年藏西北高寒牧区积雪变化趋势

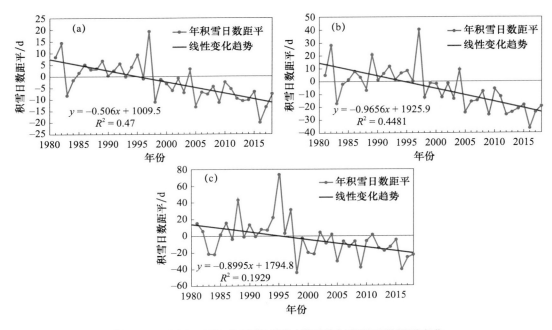

图 5.33　1961—2018 年西藏不同区域平均年积雪日数距平变化

(a)西藏自治区;(b)藏西北地区;(c)高原南部边缘地区

同样采用站点资料对 1981—2018 年的积雪深度进行分析,表明藏西北高寒牧区的平均积雪深度较小,为 7.3 cm,小于西藏平均积雪深度(8.1 cm)与高原南部边缘的积雪深度(35.2 cm)。从趋势上看,积雪深度有较明显的减小趋势,平均每 10 a 减小 0.6 cm。减幅略高于西藏平均水平(0.5 cm),但是明显小于高原南部边缘的减幅(1.1 cm)(图 5.34)。

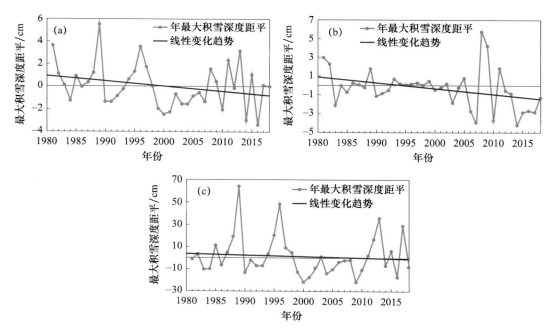

图 5.34　1981—2018 年西藏不同区域年最大积雪深度距平变化趋势

(a)西藏自治区;(b)藏西北地区;(c)高原南部边缘地区

综上所述,研究区大部分区域积雪面积呈减小趋势,其中安多县、双湖县、改则县、班戈县、申扎县和当雄县积雪面积减少最明显,尤其是纳木错周围积雪面积显著减少,革吉县、仲巴县、措勤县、萨嘎县和嘉黎县积雪面积整体上呈增加趋势;研究区常年平均积雪日数为 51.3 d。但是从 20 世纪 90 年代末期减幅明显,38 a 间平均每 10 a 减少 9.8 d,同样,积雪深度呈较明显的减少趋势,平均每 10 a 减少 0.6 cm。

第6章　藏西北高寒牧区生态功能区划

6.1　生态系统和藏西北高寒牧区生态功能

　　生态系统是指在一定的空间和时间范围内,在各种生物之间以及生物群落与其无机环境之间,通过能量流动和物质循环而相互作用的一个统一整体。藏西北高寒牧区位于西藏西北部的藏北高原,地域辽阔,地表类型丰富多样,拥有草原、荒漠、冰川、湿地、湖泊等多种生态系统类型,也是我国的江河源和生态源,对保障国家生态安全和西藏生态安全具有重要意义。如何将藏西北构建成为国家安全生态屏障体系的一部分,从区域尺度上对藏西北的典型生态区进行综合评价和识别,从生态服务完整性角度出发,提出相应的保障机制也是西藏自治区重点科技计划项目"藏北典型生态区生态遥感监测评估"研究的初衷所在。通过区域生态环境要素随时间、空间的分布规律和变化情况,可以发现该区域湿地、草原、荒漠等生态系统极其脆弱,抗干扰能力差,一旦遭到破坏,影响极大且很难恢复。冰川、雪山、湿地面积逐年减小,水土流失、草场退化、土地沙化等问题较为严重,雪灾、风灾等自然灾害时有发生,生物多样性面临挑战。我们通过从区域战略位置、可利用土地资源、可利用水资源、环境容量、生态系统脆弱性、生态重要性、自然灾害危险性、人口聚集度、经济发展水平、交通优势度、战略选择等指标进行综合评价并划定功能区划。

6.1.1　雪灾危险评价

　　通过图 6.1 分析可得:双湖、安多、色尼、聂荣、巴青、嘉黎以及改则、尼玛、班戈县部分地方划分为重度雪灾危险区。

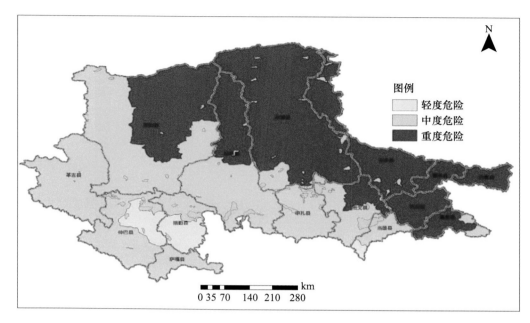

图 6.1　藏西北典型生态区雪灾危险评价图

通过表 6.1 分析可得：从雪灾危险评价面积占比可以看出，重度危险与中度危险面积占比远远大于轻度危险面积，这说明在藏西北高寒牧区雪灾危险较严重。

表 6.1　藏北典型生态区雪灾危险不同等级面积统计表

生态功能	危险性	面积/万 km²
	轻度	2.59
雪灾危险评价	中度	28.57
	重度	29.47

6.1.2　冻融侵蚀分级

通过图 6.2 分析可得：安多县、色尼区、当雄县冻融侵蚀分级为敏感；其周围地区的冻融侵蚀较敏感。

通过表 6.2 分析可得：敏感区所占面积比远远小于不敏感区所占面积比，一般敏感大于略敏感，说明了冻融侵蚀敏感性在藏西北处于一般敏感。

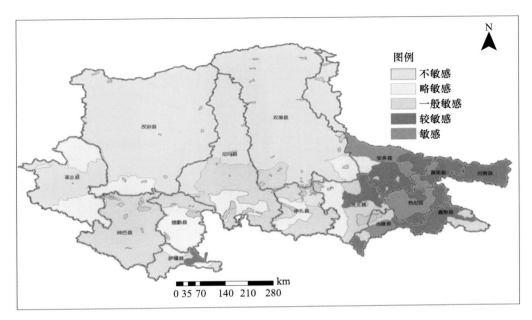

图 6.2　藏西北典型生态区冻融侵蚀敏感性评价图

表 6.2　藏北典型生态区冻融侵蚀敏感性不同等级面积统计表

生态功能	敏感性	面积/万 km²
	不敏感	30.83
	略敏感	8.59
冻融侵蚀敏感性	一般敏感	12.81
	较敏感	5.69
	敏感	2.72

6.1.3　自然灾害危险性总体评价

通过图 6.3 分析可得:尼玛县、班戈县、色尼区以及申扎县和当雄县部分地方的自然灾害危险性高。

通过表 6.3 分析可得:从藏西北高寒牧区自然灾害危险评价面积占比可以看出,中等危险性评价占比最高,说明在自然灾害以雪灾为主,处于中等危险。

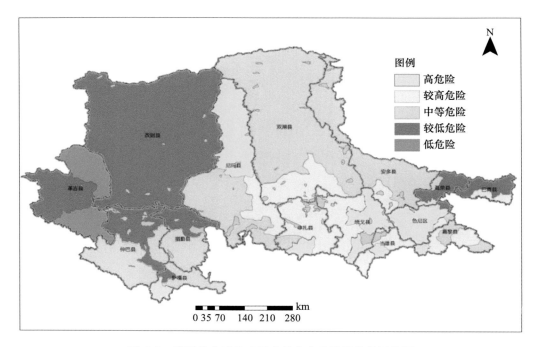

图 6.3 藏西北典型生态区自然灾害危险性总体评价图

表 6.3 藏北典型生态区自然灾害危险性不同等级面积统计表

生态功能	危险性	面积/万 km²
自然灾害危险性评价	高	6.44
	较高	8.63
	中等	22.67
	较低	20.26
	低	2.63

6.1.4 生态系统脆弱性

通过图 6.4 分析可得：改则县、尼玛县、双湖县、安多县以及巴青县和萨嘎县、仲巴县、革吉县的部分地方为生态系统极度脆弱区。

通过表 6.4 分析可得：从生态系统脆弱性占比面积可以看出，从微度脆弱至极度脆弱呈逐渐上升趋势，这说明藏西北高寒牧区生态系统比较脆弱。

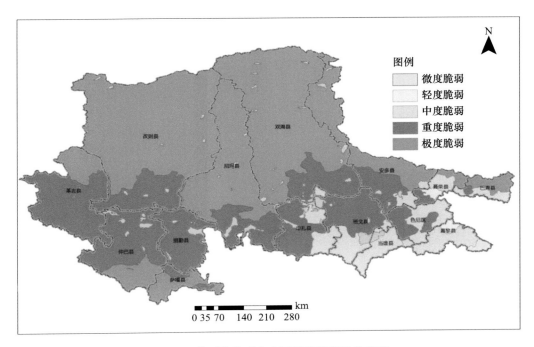

图 6.4　藏西北典型生态区系统脆弱性分级图

表 6.4　藏北典型生态区系统脆弱性分级面积统计表

生态功能	脆弱性	面积/万 km²
	微度脆弱	0.17
	轻度脆弱	0.31
生态系统脆弱性	中度脆弱	5.68
	重度脆弱	21.15
	极度脆弱	33.32

6.1.5　沙漠化脆弱性

通过图 6.5 分析可得：改则县、尼玛县、双湖县、安多县以及巴青县和萨嘎县、仲巴县、革吉县的部分地方为生态系统极度脆弱区。

通过表 6.5 分析可得：藏西北高寒牧区的沙漠化脆弱性从不脆弱至脆弱所占面积处于直线上升趋势，说明藏西北高寒牧区沙漠化脆弱性程度较高。

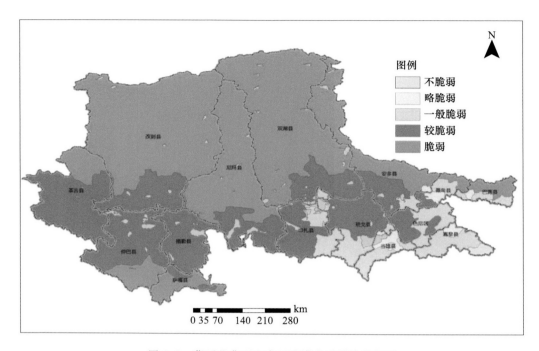

图 6.5　藏西北典型生态区沙漠化脆弱性分级图

表 6.5　藏北典型生态区沙漠化脆弱性分级面积统计表

生态功能	脆弱性	面积/万 km²
	不脆弱	0.20
	略脆弱	0.82
沙漠化脆弱性	一般脆弱	5.35
	较脆弱	20.77
	脆弱	33.49

6.1.6　生态重要性评价

通过图 6.6 分析可得:聂荣县、色尼区、仲巴县、萨嘎县部分地方的生态重要性较高。

通过表 6.6 分析可得:从生态重要性评价可以看出,较低重要性所占面积远远小于较高重要性所占面积,藏西北高寒牧区生态重要性评价处于中等状态,说明藏西北高寒牧区对生态的重要性处于中等。

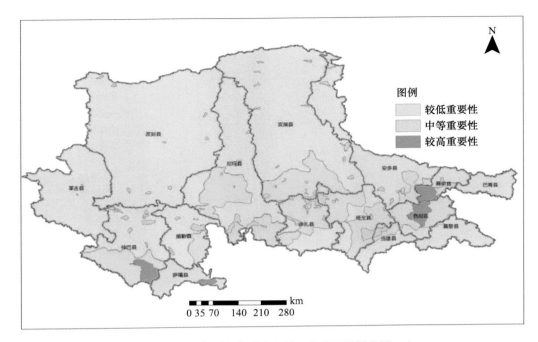

图 6.6　藏西北典型生态区生态重要性评价图

表 6.6　藏北典型生态区生态重要性评价不同等级面积统计表

生态功能	重要性	面积/万 km²
生态重要性评价	较低	47.00
	中等	12.58
	较高	1.05

6.1.7　生物多样性维护重要性评价

　　通过图 6.7 分析可得：改则县、双湖县以及尼玛县和安多县、革吉县部分地方生物多样性维护重要性高。

　　通过表 6.7 分析可得：从藏西北高寒牧区对生物多样性的维护评价面积可以看出，中等重要性与高重要性所占面积远大于较低重要性与较高重要性，说明对生物多样性的维护是处于很好的状态。

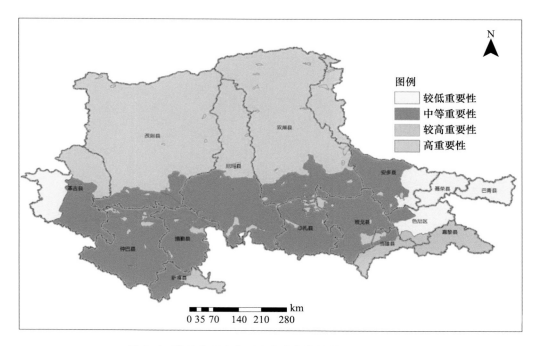

图 6.7 藏北典型生态区生物多样性维护重要性评价图

表 6.7 藏北典型生态区生物多样性维护重要性评价不同等级面积统计表

生态功能	重要性	面积/万 km²
生物多样性维护评价	较低	5.21
	中等	25.76
	较高	2.82
	高	26.85

6.1.8 重点生态功能区分布图

通过图 6.8 分析可得:阿里地区大部分县(革吉县、改则县、尼玛县、双湖县)和那曲市班戈县为国家级重点生态功能区,仲巴县、萨嘎县、措勤县、当雄县、嘉黎县为自治区重点生态功能区。

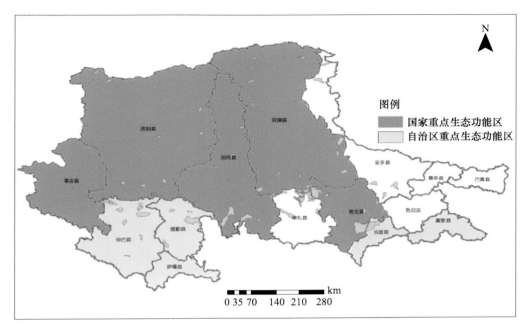

图 6.8　藏西北典型生态区重点生态功能区分布图

6.2　综合评价

　　通过对战略位置、可利用土地资源、可利用水资源、环境容量、生态系统脆弱性、生态重要性、自然灾害危险性等指标的综合评价,该区国土空间辽阔,但适宜开发的面积少。

　　一是生态较为脆弱,生态系统功能退化。约有 92% 的国土面积处于寒冷、寒冻和冰雪作用极为强烈的高寒环境中,大部分地区干旱作用影响显著。生态类型多样,生物资源较为丰富,湿地、草原、荒漠、冰川等生态系统均有分布。但生态系统极其脆弱,抗干扰能力差,一旦遭到破坏,影响极大且很难恢复。受全球气候变化影响以及人为因素的干扰,水土流失、草场退化、土地沙化等问题较为严重,冰川、雪山、雪灾等自然灾害时有发生,生物多样性面临挑战。脆弱的生态环境使城镇化只能在很有限的国土空间集中展开。

　　二是能源丰富,但利用率低。该区域内清洁能源丰富,淡水资源、太阳能、风能等比较丰富。分布有盐湖 490 个,是全球海拔最高、范围最大、数量最多、资源最为丰富的高原盐湖分布区,氯化钠、硼、芒硝、钾、锂、镁、铯等资源储量大、品位高。

　　三是空间结构不合理,空间利用效率低。城镇数量少、规模小、间隔远、密度低、布局分散,中度以上生态脆弱区域面积达 60.15 万 km²(图 6.5),占全自治区国土总面积的 50.12%,其中极度脆弱的占 27.78%,重度脆弱的占 17.62%,中度脆弱的占 4.74%,不同的国土空间其自然状况不同。海拔高、地形复杂、气候恶劣的地区以及其他生态重要和生态脆弱的区域,对维护全区生态安全具有不可或缺的作用,不适宜大规模、高强度的工业化城镇化开发,有的区域甚至不适宜高强度的农牧业开发。否则将对生态系统造成破坏,对提供生态产品能力造成损害。

要以建设重要的国家安全屏障、重要的生态安全屏障、重要的战略资源、重要的高原特色农产品基地、重要的中华民族特色文化保护地和重要的世界旅游目的地为总体目标,从现代化建设全局和持续发展的战略需要出发,按照不同国土空间的自然属性,构建藏西北区发展战略格局,基本形成由重点开发区域为主体的工业化布局和城镇化格局,对限制开发区域中的重点进行据点式布局开发,由限制开发区域和禁止开发区域为主体的农牧区和生态屏障区基本形成,禁止开发区域和基本农田得到切实保护。

在藏西北羌塘高原形成的带幅宽度不一的屏障带,包括阿里地区的日土县、革吉县、改则县和那曲市的班戈县、尼玛县、双湖县,属于藏西北羌塘高原荒漠生态功能区,区域面积 49.44 万 km²,占全自治区总面积的 41.12%。该区域人口 12.6 万,占全自治区总人口的 4.2%。加强草原草甸保护,加强湿地保护与恢复,保护高原典型荒漠生态系统,加强野生动植物保护和自然保护区建设,保护好重要的野生动植物繁衍栖息的自然环境,加大设施减畜降牧和生态搬迁政策力度,维护区域生物多样性。

日喀则市仲巴县、萨嘎县等属于喜马拉雅中段生态屏障区。在其北部发育大面积的山原高寒草原生态系统,植物种类单一且覆盖度低,草地退化和土地沙化较为严重;在其南部发育以亚热带常绿林为基带的多层次生态系统,生物多样性丰富且山地灾害多发。应推进野生动植物保护及保护区建设,提高管护能力、科研与监测水平,改善基础设施条件,加强生物多样性功能的保护;实施天然草地保护、游牧民定居、传统能源替代、水土流失治理和防沙治沙,提高地表植被覆盖度,提高对河谷农牧区水资源的持续补给能力,为该区农林牧业生产发展提供良好的环境基础,为雅鲁藏布江河流泥沙减少和水资源、水环境安全提供保障。

拉萨市当雄县和那曲市嘉黎县属于念青唐古拉山南翼水源涵养和生物多样性保护区,区域面积 2.29 万 km²,占全自治区总面积的 1.9%。该区域人口 6.3 万,占全自治区总人口的 2.1%。区域内发育了以高寒草原生态系统为主的多种高山生态系统类型,有较大面积的高寒沼泽草甸和原始森林。加强生态系统水源涵养和生物多样性功能的保护,重点发展生态旅游业,适度发展谷地生态农林业,加强重点开发县城综合开发能力建设和非重点开发区域县城以发挥行政职能和生态监管为主的城镇建设,为生态脆弱区人口有序转移提供条件,为重点开发区域生态旅游业和特色农林产业的发展提供保障。

阿里地区措勤县属于羌塘高原西南部土地沙漠化预防区,区域面积 2.29 万 km²,占全自治区总面积的 1.9%。区域内人口 1.5 万,占全自治区总人口的 0.5%。该区域具有破坏容易、恢复重建难的脆弱性特点,土地沙漠化敏感性高。高寒荒漠草原生态系统十分脆弱,对外力作用的响应极为敏感,因此,其功能定位为防止土地沙化、保护高寒特有动植物种。加强区内非重点开发区域县城以发挥行政职能和生态监管为主的城镇建设,为生态脆弱区超载人口有序转移提供条件,为减少人为草地破坏和扬沙天气和沙尘对周边地区的危害发挥屏障作用。

第 7 章　应对措施及建议

　　人因自然而生,人与自然是生命共同体,人类对大自然的伤害最终会伤及人类自身。生态环境没有替代品,用之不觉,失之难存。在人类发展史上特别是工业化进程中,曾发生过大量破坏自然资源和生态环境的事件,酿成惨痛教训。党的十八大以来,习近平总书记反复强调生态环境保护和生态文明建设,强调"要把生态环境保护放在更加突出位置,像保护眼睛一样保护生态环境,像对待生命一样对待生态环境",就是因为生态环境是人类生存最为基础的条件,是我国持续发展最为重要的基础。

　　习近平总书记在党的十九大报告中强调,中国特色社会主义进入新时代,我国社会主要矛盾已经转化为人民日益增长的美好生活需要和不平衡不充分的发展之间的矛盾。经过 40 余年的改革开放,我国经济社会取得巨大发展成就,人民群众的幸福感和获得感得到大幅提升,总体幸福指数也得到大幅提升,但生态环境等问题也开始凸显,人民群众从注重"温饱"逐渐转变为更注重"环保",从"求生存"到"求生态"。生态环境问题已经成为全面建成小康社会的突出短板,扭转环境恶化、提高环境质量是广大人民群众的热切期盼。

　　藏西北高寒牧区是我国重要的生态安全屏障区,同时也是"亚洲水塔"重要的水源区、西藏各族人民赖以生存的重要牧业产区,保护藏西北高寒牧区的生态环境意义重大。鉴于冰川退缩、冻土融化、湖泊面积增加等环境因素的改变大多归因于气候系统的改变,人为的保护目前还很难起到实质性作用,所以下面将重点对草地资源的保护提出针对性的措施建议。

　　在《中国 21 世纪初可持续发展行动纲要》(国发〔2003〕3 号,以下简称《纲要》)中指出,我国实施可持续发展战略的指导思想是:坚持以人为本,以人与自然和谐为主线,以经济发展为核心,以提高人民群众生活质量为根本出发点,以科技和体制创新为突破口,坚持不懈地全面推进经济社会与人口、资源和生态环境的协调,不断提高我国的综合国力和竞争力,为实现第三步战略目标奠定坚实的基础。我国 21 世纪初可持续发展的总体目标是:可持续发展能力不断增强,经济结构调整取得显著成效,人口总量得到有效控制,生态环境明显改善,资源利用率显著提高,促进人与自然的和谐,推动整个社会走上生产发展、生活富裕、生态良好的文明发展道路。

《纲要》指出：草地资源的可持续利用应加强草原管理机构建设,强化管理职能,加大执法力度；积极落实草原承包制,明确草原使用的"责、权、利"关系；提高科技含量,改变草原资源利用方式,变传统的粗放数量型为质量效益型；加大以人工种草、飞播种草、围栏封育、草场改良、划区轮牧和草地鼠虫害防治等为主要内容的天然草原保护建设实施力度,防止超载过牧,强化"三化"草地治理,恢复天然草场植被。

藏西北高寒牧区位于西藏的高海拔区,面积占全自治区面积的 51%,草地是该区最主要的生态维持系统。由于区域内气候寒冷,热量不足,冰雹、泥石流、大风、干旱等自然灾害频繁,加之人类活动和过度放牧等因素,致使区域内的草地生态系统失去平衡,导致环境的恶化。但是通过有效的管理和恢复措施,并借助近年来该区域内暖湿化的气候变化趋势,使草地退化问题能够得到有效的遏制。因此,对天然草场必须因时、因地、因草质草量以及管理条件而确定畜种数量、分布和畜群结构,才能更好地保护天然草地,实现人与自然的和谐相处、资源的可持续利用和区域经济社会的稳步发展。

建设网围栏并实施草场承包责任制

首先,围栏封育是改良退化草地、防风固沙、恢复植被、增加饲草产量、扩大有效土地面积的一项有效措施,它投资少、见效快,可以大面积开发建设。围栏建设首先是将距居民点较近、水土条件较好的四季牧场、冷季牧场进行封育,并辅以灌溉、补播、灭虫、灭鼠等措施,给草地一定时间的休牧,使其获得休养生息的机会。同时,人为控制草地的利用强度,特别是增强冬季牧草的储存量,保证牲畜安全过冬(杨汝荣,2002)是非常必要的。

面对新世纪的新挑战,为了加快高寒草地畜牧业和牧区经济的发展,西藏自治区提出了"以增加群众收入为中心,稳定党在农牧区的基本政策,走出一条'以草兴牧、流通促牧、科技强牧、依法治牧',实现经济、生态、社会效益三统一,建设现代草地畜牧业"的新思路(张自和,2001)。

从 21 世纪初开始,那曲人逐渐认识到,只有牲畜承包责任制而没有草场承包经营责任制,是不完整的或者说是不完善的,是一条腿长、一条腿短的生产经营体制,其表现出的突出问题是把保护草场生态环境和改善生产条件的责任推给了国家,而把草场资源进行无偿使用的"好处"留给了生产经营者,其结果是生产者不惜多养牲畜来占有无偿的草场资源,造成了天然草场的极度消耗,使那曲市以草场为主体的高寒生态环境不断恶化,生产能力不断下降,对生存环境的威胁不断加剧。

发现问题,就要解决问题。近年来那曲市大胆实施草场承包经营责任制后取得了良好的效果。目前草场承包到户率100%的尼玛县牧民拥有 3 个草原使用证；初步承包阶段的红色《草原使用证书》;完善阶段的蓝色《草原使用证书》和定型阶段的绿色《草原使用证书》,加上《草原使用合同书》,这些证书的改变并不仅仅是封面的颜色,而是将草场界限、草场等级、面积计算标准、核定载畜量等内容逐步充实进去,它是那曲市草场承包责任制发展过程的一个缩影。要不断完善草原承包经营制度,加强草原承包经营管理,明确所有权、使用权,稳定承包权,放活经营权。规范草原经营权流转,鼓励开展合作经营,提高草原科学利用水平。

目前西藏的大部分牧区已实行了草场承包经营责任制。草场承包到户后,很多困扰牧区牧业发展的问题都迎刃而解。比如:草场使用纠纷、过度放牧、盲目追求牲畜数量、惜杀惜售等。除此之外,牧区的剩余劳动力转移有了体制的保障,群众自觉建设草场和人工种草的积极性高涨,甚至许多不愿杀生的牧民也开始自觉参与了草原“三灭”的活动。可以说,草场承包到户使整个地区的牧业以及牧民的思想观念和生产生活方式都开始发生变革,这是一个草场保护方面最有效的例证之一,应在更大范围内推广。

因此,应全面落实草地使用权、加强对天然草地的管理与合理利用,加强人工草地建设、提高抗灾保畜能力,搞好退耕还草,大力发展营养体农业和季节畜牧业,采取有效措施防治有毒有害植物与鼠类危害,加强对特色草产业的开发并促进其向产业化发展,提高草业发展的科技水平与从业者素质,以及对今后草业发展项目的建议(张自和,2001)。

大力推进畜牧业结构调整

在中国科学院地学部呈报给西藏自治区人民政府的《关于加速西藏农牧业结构调整与发展的建议》中指出:“西藏已成为全国农民收入最低、城乡收入差距最大的省份,‘三农’问题十分突出;同时,草场退化等生态退化问题较为严重。解决‘三农’问题和生态问题的根本出路在于农牧业结构调整”。中国科学院地理科学与资源研究所郑度院士、中国农业大学草地研究所杨富裕研究员指出:“那曲的理论载畜量只有700多万头绵羊单位,但事实上却承载了2000多万头。这就好比一个负重量为700斤[①]的马匹却被放上了2000多斤的货物,如果不想办法卸载,它很快就会垮掉。与此同时,不少人在草原上进行冬虫夏草等药材资源的挖掘,用珍贵的草毡层作‘土墙’,捡拾牛羊粪作为薪材,开矿、修路和采金、取沙等活动,草地的保护层也被严重破坏”。由此看来,那曲草原退化问题,人为的因素是最直接的原因。

建议如下:

草地畜牧业要从纯天然草地游牧放牧型畜牧业,向农牧结合型畜牧业过渡,逐步提

---

① 1斤＝0.5 kg。

高种草养畜的比重,重点缓解因冷季草场窄小而产生的饲草严重不足的矛盾。逐步实现牧民定居,牲畜暖季放牧、冷季舍饲或半舍饲,特别注意缓解冷季放牧强度,减少暖季牧草浪费是当务之急(王秀红 等,1999)。

加大对草业企业、农牧民专业合作社等经营主体的培育和扶持力度,强化农牧民培训,培养草产业致富带头人。支持草产品生产加工储藏,加快建立完善草产品质量标准体系,推动标准化、商品化生产,提升科学保护、合理利用草资源的能力水平。

大力推进草原生态修复

实施草原重要生态系统保护和修复重大工程,健全草原保护修复监管制度,加大成熟治理模式推广应用力度。在藏西北生存环境恶劣、生态脆弱、草原退化严重、不宜放牧的地区以及重要水源涵养区,采取禁牧封育、补播种草、施肥灌溉、鼠虫害防治等措施,促进草原植被恢复和休养生息。强化草原生物灾害监测预警,定期开展草原有害生物普查,加强草原有害生物及外来入侵物种防治,不断提高绿色防治水平和重大生物灾害应急处置能力,维护草原生态生物安全。

合理利用草原资源。

坚持尊重自然、保护优先、绿色发展的原则,科学合理利用草原资源,推动草原地区绿色发展,助力乡村振兴。牧区要以实现草畜平衡为前提,优化畜群结构,加快出栏周转,提倡舍饲半舍饲圈养,减轻天然草原放牧压力。积极落实基本草原保护制度,科学合理划定基本草原范围,落实最严格的保护和管理措施,确保基本草原面积不减少、质量不下降、用途不改变。

增施肥料,改变土壤结构

西藏牧区有大量厩肥,鼓励牧民在自己承包的冬季牧场和四季牧场施用厩肥,适当增施化肥。据试验,每千克氮肥可增产干草 5～10 kg,牧草蛋白质明显增加;每千克磷肥增产干草 2.5～5 kg。施肥草地的产草量比对照草地增加 50%,灌溉草地施肥后产草量比对照增加 150%。在夏季牧场,可采用定时转场施肥法,即每个放牧帐篷以每 6 天转换一个地方,使牲畜的粪便能较均匀地分布在草地,而且不致引起局部草地的破坏(杨汝荣,2002)。

补播牧草防止草地沙化

草地补播是在不破坏或少破坏草地原有植被的情况下,补播能适应当地环境的优质牧草,增加种类成分,达到改良退化草地、防止沙化、提高生产力和改善饲草质量的目的。补播牧草只能在气候较湿润的草甸类草地或地势比较平坦并有灌溉条件的草原地区进行,采用斑块状或条带状划破草皮的方法进行补播牧草,人为促使草地快速恢复植被,禁止大面积全垦播种,防止退化草地面积扩大化,对于荒漠、半荒漠草原和无灌溉条件的草原地区补播不起作用。人工种草是增加饲草来源的重要措施。比如阿里地区南部的札达县和普兰县以及那曲市的比如县、索县等气候和土地条件都较西北部优越,可以利用这一优势大量种植优质高产的青饲草料和苜蓿,加工草饼、苜蓿草粉进行南草北运。人工种草,应像种植农作物一样施肥、灌溉、精耕细作。

建立草原生态环境监测系统

对高原草地生态系统的大气环境、土壤结构、植物种群结构、植被演替、生产力、生产量、动物种群结构、种群变化等动态进行长期定时、定点观测监控,随时掌握一定时间内草地生态系统、草地资源、草地发育的动态趋势,及时将这些动态变化向上级主管和科研部门反馈,以便对草地生态系统建设适时调整和对项目区的建设效果做出评估,同时为进一步采取可行的生物措施和工程措施提供科学依据,以保证草原生态系统稳定顺向演替。

草地灾害监测与灾害预警。高原气候变化无常,一般牧民很难预知,每次因灾害造成的损失都达上亿元,如1997年阿里大雪一次损失1.28亿元,相当于阿里地区1999年国内生产总值的1/2。草地生态监测系统的建立,对灾害天气的预测无疑会起到重要作用(杨汝荣,2002)。

草地环境监测。主要监控草地退化、河流与湖泊干涸等逆向演替过程。近年来由于全球气候的变化,西藏那曲市的湖泊因气温升高致使冰雪融水增加,加之降水量增加等原因造成水位上涨现象,淹没了牧民的许多接羔育苗基地和草场。建立草地监测系统,可实时、动态地了解草地植被演替、种群结构变化、水土流失、虫鼠害及沙化等变化的基本过程和变化方向。

参考文献

边多,边巴次仁,拉巴,等,2010.1975—2008年西藏色林错湖面变化对气候变化的响应[J].地理学报,
　　65(3):313-319.

边多,李春,杨秀海,等,2008.藏西北高寒牧区草地退化现状与机理分析[J].自然资源学报(2):
　　254-262.

边多,普布次仁,尼珍,等,2014.基于MODIS-NDVI时序数据的西藏阿里地区草地覆盖时空变化[J].
　　中国草地学报,36(3):73-78.

仓决卓玛,李建川,索朗次仁,2010.高原鼠兔对藏北草原的危害及其主要天敌[J].西藏科技,202(1):
　　64-67.

陈渤黎,2014.青藏高原土壤冻融过程陆面能水特征及区域气候效应研究[D].兰州:中国科学院研究
　　生院(寒区旱区环境与工程研究所).

陈效述,王林海,2009.遥感物候学研究进展[J].地理科学进展,28(1):33-40.

程国栋,赵林,李韧,等,2019.青藏高原多年冻土特征、变化及影响[J].科学通报,64(27):2783-2795.

除多,杨勇,罗布坚参,等,2015.1981—2010年青藏高原积雪日数时空变化特征分析[J].冰川冻土,37
　　(6):1461-1472.

崔洋,2010.青藏高原陆面过程与亚洲夏季风系统联系的研究[D].兰州:兰州大学:7-9.

丁明军,张镱锂,刘林山,等,2010.1982—2009年青藏高原草地覆盖度时空变化特征[J].自然资源学
　　报,25(12):2114-2122.

董瑞琨,许兆义,杨成永,等,2000.青藏高原冻融侵蚀动力特征研究[J].水土保持学报,14(4):12-16.

杜军,胡军,张勇,等,2008.西藏植被净初级生产力对气候变化的响应[J].南京气象学院学报(5):
　　738-743.

杜军,建军,洪健昌,等,2012.1961—2010年西藏季节性冻土对气候变化的响应[J].冰川冻土,34(3):
　　512-521.

杜军,2019.西藏气候变化监测公报2018[M].北京:气象出版社.

段安民,肖志祥,王子谦,2018.青藏高原冬春积雪和地表热源影响亚洲夏季风的研究进展[J].大气科
　　学,42(04):755-766.

冯琦胜,高新华,黄晓东,等,2011.2001—2010年青藏高原草地生长状况遥感动态监测[J].兰州大学学

报(自然科学版),47(04):75-81,90.

高清竹,段敏杰,万运帆,等,2010.藏北地区生态与环境敏感性评价[J].生态学报,30(15):4129-4136.

高荣,韦志刚,董文杰,2003.青藏高原土壤冻结始日和终日的年际变化[J].冰川冻土,(1):49-54.

谷晓平,黄玫,季劲钧,等,2007.近20年气候变化对西南地区植被净初级生产力的影响[J].自然资源
    学报(02):251-259,324.

郭灵辉,郝成元,吴绍洪,等,2016.内蒙古草地NPP变化特征及其对气候变化敏感性的CENTURY模
    拟研究[J].地理研究,35(2):271-284.

韩世茹,郑志海,周须文,等,2019.青藏高原积雪深度对延伸期预报技巧的影响[J].大气科学,43(1):
    142-154.

黄福均,沈如金,1984.夏季风时期青藏高原地区水汽来源及水汽收支分析[C]//青藏高原科学实验文
    集(二).北京:科学出版社:215-224.

黄卫东,廖静娟,沈国状,2012.近40年西藏那曲南部湖泊变化及其成因探讨[J].国土资源遥感,2012,
    94(3):122-128.

季国良,姚兰昌,袁福茂,等,1986.1982年冬季青藏高原地面和大气的加热场特征[J].中国科学(B
    辑),2:214-224.

蒋冲,王飞,穆兴民,等,2012.气候变化对秦岭南北植被净初级生产力的影响(Ⅱ)——近52年秦岭南
    北植被净初级生产力[J].中国水土保持科学,10(6):45-51.

拉巴,格桑卓玛,拉巴卓玛,等,2016.1992—2014年普诺岗日冰川和流域湖泊面积变化及原因分析[J].
    干旱区地理,39(4):770-776.

拉巴,洛桑曲珍,次珍,等,2019.那曲地区植被NDVI时空变化及成因分析[J].气象与环境学报,35
    (4):69-76.

拉巴,2017.西藏那曲地区草地变化特征及驱动力分析[D].天津:天津大学.

拉巴卓玛,德吉央宗,拉巴,等,2017.近40年西藏那曲当惹雍错湖泊面积变化遥感分析[J].湖泊科学,
    29(2):480-489.

兰玉蓉,2004.青藏高原高寒草甸草地退化现状及治理对策[J].青海草业,13(1):27-30.

冷海芹,2014.浅析地理国情普查内容分类体系[J].测绘与空间地理信息(06):118-121.

李典,白爱娟,黄盛军,2012.利用TRMM卫星资料对青藏高原地区强对流天气特征分析[J].高原气
    象,31(02):304-311.

李栋梁,王春学,2011.积雪分布及其对中国气候影响的研究进展[J].大气科学学报,2011,34(5):
    627-636.

李红梅,李林,2015.2℃全球变暖背景下青藏高原平均气候和极端气候事件变化[J].气候变化研究进
    展,11(03):157-164.

李翔,王忠,赵景学,等,2017.念青唐古拉山南坡高寒草甸生产力对温度和降水变化的敏感性及其海拔
    分异[J].生态学报,37(17):5591-5601.

李燕,闫加海,张冬峰,2018.青藏高原冬春积雪异常和中国东部夏季降水关系的诊断与模拟[J].高原

气象,37(02):317-324.

梁存柱,祝廷成,王德利,等,2002.21世纪初我国草地生态学研究展望[J].应用生态学报(6):743-746.

林乃峰,沈渭寿,张慧,等,2012.近35a西藏那曲地区湖泊动态遥感与气候因素关联分析[J].生态与农村环境学报,28(3):231-237.

刘春雨,董晓峰,刘英英,等,2014.甘肃省净初级生产力时空变化特征[J].中国人口·资源与环境,24(1):163-170.

刘海江,尹思阳,孙聪,等,2015.2000—2010年锡林郭勒草原NPP时空变化及其气候响应[J].草业科学,32(11):1709-1720.

罗布坚参,翟盘茂,假拉,等,2015.西藏高原测站降水与TRMM估测降水一致性评估[J].气象,41(9):1119-1125.

罗君,许端阳,任红艳,2013.2000—2010年鄂尔多斯地区沙漠化动态及其气候变化和人类活动驱动影响的辨识[J].冰川冻土,35(1):48-56.

马梅,张圣微,魏宝成,2017.锡林郭勒草原近30年草地退化的变化特征及其驱动因素分析[J].中国草地学报,39(04):86-93.

牛涛,刘洪利,宋燕,等,2005.青藏高原气候由暖干到暖湿时期的年代际变化特征研究[J].应用气象学报,16(6):763-771.

蒲健辰,姚檀栋,王宁练,等,2004.近百年来青藏高原冰川的进退变化[J].冰川冻土,26(5):517-522.

朴世龙,方精云,2002.1982—1999年青藏高原植被净第一性生产力及其时空变化[J].自然资源学报(3):373-380.

齐文文,张百平,庞宇,等,2013.基于TRMM数据的青藏高原降水的空间和季节分布特征[J].地理科学,33(08):999-1005.

秦大河,王绍武,董光荣,2002.中国西部环境演变评估(第一卷)[M].北京:科学出版社:74-75.

宋善允,王鹏祥,2013.西藏气候[M].北京:气象出版社.

孙小龙,刘朋涛,李平,2014.近三十年锡林郭勒草原植被NDVI指数动态分析[J].中国草地学报,36(6):23-28.

唐洪,边多,胡军,2006.近30年藏西北高寒牧区气候变化特征[J].西藏科技(1):43-49.

王澄海,崔洋,2011.东亚夏季风建立前青藏高原地气温差变化特征[J].气候与环境研究,16(5):586-596.

王根绪,程国栋,刘光秀,等,2000.论冰缘寒区景观生态与景观演变过程的基本特征[J].冰川冻土,22(1):29-35.

王根绪,李元首,吴青柏,等,2006.青藏高原冻土层冻土与植被的关系及其对高原生态系统的影响[J].中国科学(D辑:地球科学),36(8):743-754.

王苏民,窦鸿身,1998.中国湖泊志[M].北京:科学出版社:398-410.

王秀红,郑度,1999.青藏高原高寒草甸资源的可持续利用[J].资源科学,21(6):38-42.

吴绍洪,尹云鹤,郑度,等,2005.青藏高原近30年气候变化趋势[J].地理学报,60(1):3-11.

西藏自治区农牧厅,2017. 西藏自治区草原资源与生态统计资料[M]. 北京:中国农业出版社.

西藏自治区人民政府,2014. 西藏自治区主体功能区划规划[R]. 拉萨:西藏自治区人民政府.

西藏自治区人民政府,2022. 西藏自治区人民政府办公厅关于加强草原保护修复的实施意见[Z]. 拉萨:西藏自治区人民政府.

西藏自治区土地管理局,西藏自治区畜牧局,1994. 西藏自治区草地资源[M]. 北京:科学出版社.

夏坤,罗勇,李伟平,2011. 青藏高原东北部土壤冻融过程的数值模拟[J]. 科学通报,56(22):1828-1838.

星球地图出版社,2013. 西藏自治区地图册[M]. 北京:星球地图出版社.

杨梅学,姚檀栋,何元庆,2002. 青藏高原土壤水热分布特征及冻融过程在季节转换中的作用[J]. 山地学报,20(5):553-558.

姚玉璧,杨金虎,王润元,等,2011. 1959—2008长江源植被净初级生产力对气候变化的响应[J]. 冰川冻土,33(6):1286-1293.

叶笃正,高由禧,1979. 青藏高原气象学[M]. 北京:科学出版社:2-7.

余风,2015. 普若岗日冰川来自地球第三极的危机[J]. 中国西部(23):62-67.

张建国,刘淑珍,2005. 界定西藏冻融侵蚀区分布的一种新方法[J]. 地理与地理信息科学,21(2):32-35.

张文纲,李述训,庞强强,2009. 青藏高原40年来降水量时空变化趋势[J]. 水科学进展(02):168-176.

张镱锂,胡忠俊,祁威,等,2015. 基于NPP数据和样区对比法的青藏高原自然保护区保护成效分析[J]. 地理学报,70(7):1027-1040.

张自和,2001. 西藏高寒草地畜牧业的意义、问题与发展建议[J]. 草业科学,18(6):1-6.

赵好信,张亚生,旺堆,2002. 谈西藏草地鼠害及其天敌[J]. 西藏研究(2):113-117.

赵林,吴通华,谢昌卫,等,2017. 多年冻土调查和监测为青藏高原地球科学研究、环境保护和工程建设提供科学支撑[J]. 中国科学院院刊,32(10):1159-1168.

周广胜,张新时,1996. 全球气候变化的中国自然植被的净第一性生产力研究[J]. 植物生态学报(1):11-19.

周华坤,赵新全,周立,等,2005. 青藏高原高寒草甸的植被退化与土壤退化特征研究[J]. 草地学报,14(3):31-40.

周胜男,罗亚丽,汪会,2015. 青藏高原、中国东部及北美副热带地区夏季降水系统发生频次的TRMM资料分析[J]. 气象,41(1):1-16.

周伟,2014. 中国草地生态系统生产力时空动态及其影响因素分析[D]. 南京:南京大学.

卓嘎,杨秀海,唐洪,2007. 那曲地区气候变化对该区湖泊面积的影响[J]. 高原气象(03):485-490.

BENSE V F,FERGUSON G,KOOI H,2009. Evolution of shallow groundwater flow systems in areas of degrading permafrost[J]. Geophys Res Lett,36:L22401.

CHENG G,WU T,2007. Responses of permafrost to climate change and their environmental significance,Qinghai-Tibet Plateau[J]. J Geophys Res-Earth,112:F02S03.

DING Y,ZHANG S,ZHAO L,et al,2019. Global warming weakening the inherent stability of glaciers and permafrost[J]. Sci Bull,64:245-253.

DUAN A M,WU G X,2008. Weakening trend in the atmospheric heat source over the Tibetan Plateau during recent decades. Part I:Observations[J]. J Climate,21(13):3149-3164.

EASTWOOD J A,YATES M G,THOMSON A G,et al,1997. The reliability of vegetation indices for monitoring saltmarsh vegetation cover[J]. Int J Remote Sensing,18(18):3901-3907.

GUO D L,YANG M X,WANG H J,2011. Sensible and latent heat fluxresponse to diurnal variation in soil surface temperature and mois-ture under different freeze/thaw soil conditions in the seasonal frozen soli region of the central tibetan plateau[J]. Environmental Earth Sciences,63(1):97-107.

GUO D,WANG H,2013. Simulation of permafrost and seasonally frozen ground conditions on the Tibetan Plateau,1981-2010[J]. J Geophys Res Atmos,118:5216-5230.

IPCC,2018. Special report on global warming of 1.5 ℃[M]. UK:Cambridge University Press.

JIN H,HE R,CHENG G,et al,2009. Changes in frozen ground in the source area of the Yellow River on the Qinghai-Tibet Plateau,China,and their ecoenvironmental impacts[J]. Environ Res Lett,4:045206.

JIN H,LI S,CHENG G,et al,2000. Permafrost and climatic change in China[J]. Glob Planet Change,26:387-404.

LEPRIEUR C,KERR Y H,MASTORCHIO S,et al,2000. Monitoring vegetation cover across semi-arid regions:comparison of remote observations from various scales[J]. Int J Remote Sensing,21(2):281-300.

LI R,ZHAO L,DING Y J,et al,2012. Temporal and spatial variations of the active layer along the Qinghai-Tibet highway in a permafrost region[J]. Chin Sci Bull,57:4609-4616.

NEMANI R R,KEELING C D,HASHIMOTO H,et al,2003. Climate-driven increases in global terrestrial net primary production from 1982 to 1999[J]. Science,300(5625):1560-1563.

NIE Y,YANG X,ZHANG Y,et al,2017. Glacier changes on the Qiangtang Plateau between 1976 and 2015:a case study in the Xainza Xiegang Mountains[J]. Journal of Resources and Ecology,8(1) 97-104.

PUREVDORJ T S,TATEISHI R,ISHIYAMA T,et al,1998. Relationships between percent vegetation cover and vegetation indices[J]. Int J Remote Sensing,19(18):3519-3535.

WU Q,ZHANG T,LIU Y,2010. Permafrost temperatures and thickness on the Qinghai-Tibet Plateau [J]. Glob Planet Change,72:32-38.

ZHAO L,WU Q,MARCHENKO S S,et al,2010. Thermal state of permafrost and active layer in central Asia during the international polar year[J]. Permafr Periglac Press,21:198-207.

ZHOU W,GANG C,ZHOU L,et al,2014. Dynamic of grassland vegetation degradation and its quantitative assessment in the northwest China[J]. Acta Oecologia,55(2):86-96.

ZOU D,ZHAO L,SHENG Y,et al,2017. A new map of permafrost distribution on the Tibetan Plateau [J]. Cryosphe,11:2527-2542.

附录 国内外常用卫星简介

1. 国内卫星

1.1 FY-3 系列

风云三号(FY-3)气象卫星是我国的第二代极轨气象卫星,它是在 FY-1 气象卫星技术基础上的发展和提高,在功能和技术上向前跨进了一大步,具有质的变化,具体要求是解决三维大气探测,大幅度提高全球资料获取能力,进一步提高云区和地表特征遥感能力,从而能够获取全球、全天候、三维、定量、多光谱的大气、地表和海表特性参数。先后发射了 FY-3A,FY-3B,FY-3C,FY-3D 系列卫星,其中 FY-3A 星已停止运行。风云三号 D 星是目前国内光谱分辨率最高的对地观测卫星,极大提高了对地球大气动力、热力参量和温室气体的获取能力,提升了我国中长期数值天气预报、全球气候资源普查和气候变化的能力和水平。经过在轨测试后,将投入业务运行,并接替 B 星作为我国太阳同步下午轨道天基气象观测的主业务卫星,与风云三号 C 星共同组网进一步强化我国极轨气象卫星上、下午星组网观测的业务布局,能够为天气预报、全球数值预报、气象防灾减灾、气候资源普查和气候变化应对、军事气象应用、农林牧渔等非气象领域应用服务提供全球及地区的气象信息,为国家生态文明建设、"一带一路"倡议的实施保驾护航。

附表 1.1　FY-3/VIRR(可见光红外扫描辐射计)通道参数

通道	波段范围/μm	波段	空间分辨率/m	应用范围
1	0.58~0.68	可见光(Visible)	1000	白天图像、植被、冰雪
2	0.84~0.89	近红外(Near infrared)	1000	白天图像、植被、水/陆地边界、大气校正
3	3.55~3.93	中波红外(Middle infrared)	1000	昼夜图像、高温热源、地表温度、森林火灾
4	10.3~11.3	远红外(Far Infrared)	1000	昼夜图像、海表和地表温度
5	11.5~12.5	远红外(Far Infrared)	1000	昼夜图像、海表和地表温度
6	1.55~1.64	短波红外(Short Infrared	1000	白天图像、云雪判识、干旱监测、云相区分
7	0.43~0.48	可见光(Visible)	1000	海洋水色
8	0.48~0.53	可见光(Visible)	1000	海洋水色
9	0.53~0.58	可见光(Visible)	1000	海洋水色
10	1.325~1.395	近红外(Near Infrared)	1000	水汽

附表 1.2　FY-3D/MERSI(中分辨率光谱成像仪)通道性能要求

通道	中心波长/μm	光谱带宽/μm	波段/μm	空间分辨率/m
1	0.470	0.05	可见光(Visible)	250
2	0.550	0.05	可见光(Visible)	250
3	0.650	0.05	可见光(Visible)	250
4	0.865	0.05	可见光(Visible)	250
5	1.380	0.02/0.03	近红外(Near Infrared)	1000
6	1.640	0.05	短波红外(Short Infrared)	1000
7	2.130	0.05	短波红外(Short Infrared)	1000
8	0.412	0.02	可见光(Visible)	1000
9	0.443	0.02	可见光(Visible)	1000
10	0.490	0.02	可见光(Visible)	1000
11	0.555	0.02	可见光(Visible)	1000
12	0.670	0.02	可见光(Visible)	1000
13	0.709	0.02	可见光(Visible)	1000
14	0.746	0.02	可见光(Visible)	1000
15	0.865	0.02	可见光(Visible)	1000
16	0.905	0.02	可见光(Visible)	1000
17	0.936	0.02	可见光(Visible)	1000
18	0.940	0.02	可见光(Visible)	1000
19	1.030	0.02	近红外(Near Infrared)	1000
20	3.80	0.18	中波红外(Middle infrared)	1000
21	4.05	0.155	中波红外(Middle infrared)	1000
22	7.20	0.50	中波红外(Middle infrared)	1000
23	8.55	0.30	远红外(Far Infrared)	1000
24	10.80	1.0	远红外(Far Infrared)	250
25	12.0	1.0	远红外(Far Infrared)	250

1.2　高分系列卫星

(1)高分一号(GF-1)卫星,是一种高分辨率对地观测卫星,属于光学成像遥感卫星。GF-1 卫星于 2013 年 4 月 26 日成功发射,是高分辨率对地观测系统国家科技重大专项的首发星,配置了 2 台 2 m 分辨率全色/8 m 分辨率多光谱相机,4 台 16 m 分辨率多光谱宽幅相机。16 m 数据重访周期 16 d。

(2)高分二号(GF-2)卫星,是我国目前分辨率最高的民用陆地观测卫星,属于光学遥感卫星,于 2014 年 8 月 19 日成功发射。GF-2 卫星星下点空间分辨率可达 0.8 m,搭载有两台高分辨率 1 m 全色和 4 m 多光谱相机,重访周期 64 d。

(3)高分三号(GF-3)卫星,是中国首颗分辨率达到 1 m 的 C 频段多极化高分辨率合成孔径雷达(SAR)成像卫星,于 2016 年 8 月 10 日发射升空。

① 多成像模式。GF3 卫星是世界上成像模式最多的合成孔径雷达(SAR)卫星,具有 12 种成像模式。它不仅涵盖了传统的条带、扫描成像模式,而且可在聚束、条带、扫描、波浪、全球观测、高低入射角等多种成像模式下实现自由切换,既可以探地,又可以观海,达到"一星多用"的效果。

② 高分辨率。GF-3 卫星空间分辨率从 1 m 到 500 m,幅宽是从 10 km 到 650 km,不但能够大范围普查,一次可以最宽看到 650 km 范围内的图像,也能够清晰地分辨出陆地上的道路、一般建筑和海面上的舰船。由于具备 1 m 分辨率成像模式,GF3 卫星成为世界上 C 频段多极化 SAR 卫星中分辨率最高的卫星系统。

③ 全能应用。GF-3 卫星不受云雨等天气条件的限制,可全天候、全天时监视监测全球海洋和陆地资源,是高分专项工程实现时空协调、全天候、全天时对地观测目标的重要基础,服务于海洋、减灾、水利、气象以及其他多个领域,为海洋监视监测、海洋权益维护和应急防灾减灾等提供重要技术支撑,对海洋强国、"一带一路"倡议具有重大意义。

(4)高分四号(GF-4)卫星,是我国第一颗地球同步轨道遥感卫星,于 2015 年 12 月 29 日发射,搭载了一台可见光 50 m/中波红外 400 m 分辨率、大于 400 km 幅宽的凝视相机,采用面阵凝视方式成像,具备可见光、多光谱和红外成像能力,通过指向控制,实现对中国及周边地区的观测。

(5)高分五号(GF-5)卫星,是世界上第一颗同时对陆地和大气进行综合观测的卫星,于 2018 年 5 月 9 日发射。GF-5 一共有 6 个载荷,分别是可见短波红外高光谱相机、全谱段光谱成像仪、大气主要温室气体监测仪、大气环境红外甚高光谱分辨率探测仪、大气气溶胶多角度偏振探测仪和大气痕量气体差分吸收光谱仪。可对大气气溶胶、二氧化硫、二氧化氮、二氧化碳、甲烷、水华、水质、核电厂温排水、陆地植被、秸秆焚烧、城市热岛等多个环境要素进行监测。

(6)高分六号(GF-6)卫星,是一颗低轨光学遥感卫星,于 2018 年 6 月 2 日发射。GF-6 卫星配置 2 m 全色/8 m 多光谱高分辨率相机、16 m 多光谱中分辨率宽幅相机,2 m 全色/8 m 多光谱相机观测幅宽 90 km,16 m 多光谱相机观测幅宽 800 km。GF-6 卫星具有高分辨率、宽覆盖、高质量和高效成像等特点,能有力支撑农业资源监测、林业资源调查、防灾减灾救灾等工作,为生态文明建设、乡村振兴战略等重大需求提供遥感数据支撑。

(7)高分七号(GF-7)卫星,于 2019 年 11 月 3 日成功发射,卫星运行于太阳同步轨道,搭载的两线阵立体相机可有效获取 20 km 幅宽、优于 0.8 m 分辨率的全色立体影像和 3.2 m 分辨率的多光谱影像;通过立体相机和激光测高仪复合测绘的模式,实现 1:10000 比例尺立体测图。高分一号至七号系列卫星主要参数见附表 1.3。

附表 1.3　高分系列卫星主要参数

卫星	发射时间	传感器空间分辨率	幅宽	波段
GF-1	2013 年	全色 2 m,多光谱 8 m	60 km	全色、多光谱
GF-2	2014 年	全色 0.8 m,多光谱 3.2 m	45 km	全色、多光谱
GF-3	2016 年	1～500 m	10～100 km	C 频段 SAR
GF-4	2015 年	50～400 m	400 km	可见光,近红外,中波红外
GF-5	2018 年	30 m	60 km	可见短波红外高光谱,全谱段
GF-6	2018 年	全色 2 m,多光谱 8 m,16 m	90 km	全色、多光谱
GF-7	2019 年	全色:后视 0.65 m,前视 0.8 m,多光谱:后视 2.6 m	≥20 km	全色,多光谱

1.3　资源三号(ZY-3)

该卫星是中国第一颗自主的民用高分辨率立体测绘卫星,通过立体观测,可以测制 1:5 万比例尺地形图,为国土资源、农业、林业等领域提供服务,资源三号卫星填补了中国立体测图这一领域的空白。卫星可对地球南北纬 84°以内地区实现无缝影像覆盖,回归周期为 59 d,重访周期为 5 d。卫星的设计工作寿命为 4 年。资源三号卫星项目共规划了 4 颗卫星。2016 年,资源三号 02 星在太原卫星发射中心成功发射。资源三号 03 星于 2020 年 7 月 25 日 11 时 13 分成功发射,是我国空间基础设施"十三五"规划的卫星任务之一,与在轨的资源三号 01 卫星、02 卫星共同组成了我国立体测绘卫星星座。资源三号 04 星计划于"十四五"期间发射。

附表 1.4 ZY-3 卫星主要参数

有效载荷	谱段号	光谱范围/μm	空间分辨率/m	幅宽/km	重访时间/d
	1	0.45~0.52	6	51	5
多光	2	0.52~0.59	6	51	5
谱相机	3	0.63~0.69	6	51	5
	4	0.77~0.89	6	51	5

1.4 北京 2 号

北京 2 号小卫星星座于北京时间 2015 年 7 月 11 日 00:28(UTC 时间:2015 年 7 月 10 日 16:28)在印度 Satish Dhawan 空间中心 Sriharikota 发射场成功发射,由 PSLV-XL 运载火箭运送到 651 km 的太阳同步轨道。北京 2 号星座由 3 颗 0.8 m 分辨率的光学遥感卫星组成。卫星呈 7 面体结构,重约 450 kg,高约 2.5 m。SSTL-300S1 敏捷平台能够提供 45°的快速侧摆能力,在轨实现多景、条带、沿轨立体、跨轨立体和区域等 5 种成像模式。VHRI-100 成像仪在轨提供幅宽约 24 km、0.8 m 分辨率(Ground Sampling Distance-GSD)全色和 3.2 m 分辨率蓝、绿、红、近红外多光谱图像。

附表 1.5 北京 2 号卫星参数

波段	波普范围/μm	空间分辨率/m
全色	0.450~0.650	0.8
蓝	0.440~0.510	3.2
绿	0.510~0.590	3.2
红	0.600~0.670	3.2
近红外	0.760~0.910	3.2

1.5 中巴地球资源卫星(CBERS)

中巴地球资源卫星(CBERS)又称资源一号,是中国第一代传输型地球资源卫星,包含中巴地球资源卫星 01 星、02 星、02B 星(均已退役)以及 02C 星和 04 星五颗卫星组成。中巴地球资源卫星 04 星(CBERS-04)于 2014 年 12 月 7 日在太原卫星发射中心成功发射,卫星进入预定轨道。CBERS-04 星是由中国和巴西联合研制,卫星轨道高度 778 km,倾角 98.5°,总质量 2060 kg,设计寿命 3 年。卫星上装有 4 种成像载荷(附表 1.6),包括空间分辨率 5 m/10 m 的全色/多光谱相机、20 m 的多光谱相机、40 m/80 m 的红外相机以及 73 m 的宽视场成像仪,特别是空间分辨率为数十米级别的红外相机数据将填补目前在轨民用国产遥感卫星在此类数据源上的空白。

表 1.6　CBERS 卫星参数

有效载荷	波段号	光谱范围	空间分辨率/m
全色多光谱相机（MUX）	1	0.51～0.85	5
	2	0.52～0.59	10
	3	0.63～0.69	10
	4	0.77～0.89	10
多光谱相机（MUX）	1	0.45～0.52	20
	2	0.52～0.58	20
	3	0.63～0.69	20
	4	0.77～0.89	20
红外多光谱相机（IRS）	1	0.50～0.90	40
	2	1.55～1.75	40
	3	2.08～2.35	40
	4	10.4～12.50	80

1.6　实践九号卫星

2012 年 10 月 14 日,实践九号(SJ-9)A、B 卫星在太原卫星发射中心成功发射升空。实践九号卫星是民用新技术试验卫星系列规划中的首发星。实践九号卫星 A 星搭载的光学成像有效载荷技术试验项目为高分辨率多光谱相机,分辨率为全色 2.5 m/多光谱 10 m;B 星搭载的光学成像有效载荷技术试验项目为分辨率 73 m 长波红外焦平面组件试验装置。

表 1.7　SJ-9A、B 卫星有效载荷参数

平台	有效载荷	谱段号	光谱范围/μm	分辨率/m	幅宽/km	重访时间/d
	全色	1	0.45～0.89	2.5	30	4
SJ-9A 星	多光谱相机	2	0.45～0.52	10		
		3	0.52～0.59			
		4	0.63～0.69			
		5	0.77～0.89			
SJ-9B 星	红外相机	6	0.80～1.20	73	18	8

1.7　环境系列卫星

环境与灾害监测预报小卫星星座 A、B、C 星(HJ-1A/B/C)包括两颗光学星 HJ-1A/B

和一颗雷达星 HJ-1C,可以实现对生态环境与灾害的大范围、全天候、全天时的动态监测。环境卫星配置了宽覆盖 CCD 相机、红外多光谱扫描仪、高光谱成像仪、合成孔径雷达等四种遥感器,组成了一个具有中高空间分辨率、高时间分辨率、高光谱分辨率和宽覆盖的比较完备的对地观测遥感系列。

HJ-1A/B 星于 2008 年 9 月 6 日上午 11 时 25 分成功发射,HJ-1A 星搭载了 CCD 相机和超光谱成像仪(HSI),HJ-1B 星搭载了 CCD 相机和红外相机(IRS)。在 HJ-1A 卫星和 HJ-1B 卫星上装载的两台 CCD 相机设计原理完全相同,以星下点对称放置,平分视场、并行观测,联合完成对地幅宽 700 km、地面像元分辨率为 30 m、4 个谱段的推扫成像。此外,在 HJ-1A 卫星上装载有一台超光谱成像仪,完成对地幅宽为 50 km、地面像元分辨率为 100 m、110~128 个光谱谱段的推扫成像,具有±30°侧视能力和星上定标功能。在 HJ-1B 卫星上还装载有一台红外相机,完成对地幅宽为 720 km、地面像元分辨率为 150 m/300 m、近短中长 4 个光谱谱段的成像。HJ-1A 卫星和 HJ-1B 卫星的轨道完全相同,相位相差 180°。两台 CCD 相机组网后重访周期仅为 2 d。

HJ-1C 卫星于 2012 年 11 月 19 日成功发射。星上搭载有 S 波段合成孔径雷达,S 波段 SAR 雷达具有条带和扫描两种工作模式,成像带宽度分别为 40 km 和 100 km。HJ-1C 的 SAR 雷达单视模式空间分辨率为 5 m,距离向四视分辨率为 20 m。

附表 1.8 环境系列卫星有效载荷参数

遥感平台	有效载荷	波段号	光谱范围/μm	空间分辨率/m	重访时间/d
HJ-1A	CCD 相机	1	0.43~0.52	30	4
		2	0.52~0.60		
		3	0.63~0.69		
		4	0.76~0.90		
	高光谱成像仪		0.45~0.95 (110~128 谱段)	100	4
HJ-1B	CCD 相机	1	0.43~0.52	30	4
		2	0.52~0.60		
		3	0.63~0.69		
		4	0.76~0.90		
	红外多光谱相机	5	0.75-L10	150(近红外)	4
		6	1.55~1.75	150(近红外)	
		7	3.50~3.90	150(近红外)	
		8	10.5~12.5	300	4
HJ-1C	合成孔径雷达 SAR			5(0) 20(4 视)	4

2. 国外卫星

2.1 NOAA/AVHRR

NOAA 气象卫星是美国国家海洋和大气管理局的第三代实用气象观测卫星,是近极地太阳同步轨道卫星,飞行高度为 833～870 km,轨道倾角 98.7°,成像周期 12 h。目前可接收 NOAA-18 和 NOAA-19 卫星,采用双星运行,同一地区每天可有四次过境机会。AVHRR(Advanced Very High Resolution Radiometer)是 NOAA 系列卫星的主要探测仪器,它有 5 个光谱通道,其中 1～2 通道为反射通道,3～5 通道为辐射亮温通道,其中 3A 白天工作,3B 夜间工作。AVHRR 扫描宽度达 2800 km,星下点分辨率为 1.1 km。各通道光谱范围、主要用途、空间分辨率见附表 2.1。

附表 2.1 NOAA/AVHRR(先进超高分辨率辐射计)通道参数

通道	波长范围/μm	波段	空间分辨率/m	主要用途
1	0.58～0.68	可见光(Visible)		白天图像、植被、烟、火山迹地、冰雪、气候……
2	0.725～1.00	近红外(Near infrared)		白天图像、植被、火山迹地、水路边界、农业估产、土地利用调查……
3A	1.58～1.64	短波近红外(Short infrared)	1100	白天图像、土壤湿度、云雪判识、干旱监测、云相区分……
3B	3.55～3.93	中波近红外(Middle infrared)		夜间云图、下垫面高温点、林火、火山运动
4	10.30～11.30	远红外(Far infrared)		昼夜图像、海表和地表温度、土壤湿度
5	11.50～12.50	远红外(Far Infrared)		昼夜图像、海表和地表温度、土壤湿度

2.2 Landsat 卫星

Landsat 陆地卫星系列遥感影像数据覆盖范围为北纬 83°到南纬 83°之间的所有陆地区域,美国国家航空航天局(NASA)于 1972 年 7 月 23 日将第一颗陆地卫星(Landsat_1)成功发射,后来发射的这一系列卫星都带有陆地卫星(Landsat)的名称。到 1999 年,共成功发射了六颗陆地卫星,它们分别命名为陆地卫星 1 到陆地卫星 5 以及陆地卫星 7,数据更新周期为 16 d(Landsat 1～3 的周期为 18 d),空间分辨率为 30 m(RBV 和 MSS 传感器的空间分辨率为 80 m）。Landsat 陆地卫星在波段的设计上，充分考虑了水、植物、土壤、岩石等不同地物在波段反射率敏感度上的差异，从而有效地扩充了遥感影像数据的应用范围。

Landsat8 于 2013 年 2 月 11 日发射升空，携带有两个主要载荷：OLI 和 TIRS。其中 OLI（Operational Land Imager，陆地成像仪）由卡罗拉多州的鲍尔航天技术公司研制；TIRS（Thermal Infrared Sensor，热红外传感器），由 NASA 的戈达德太空飞行中心研制。设计使用寿命为至少 5 年。

附表 2.2　TM5-7、TM8 参数

通道	波长范围/μm	分辨率/m	通道	波长范围/μm	分辨率/m
Band 1 Blue	0.45~0.52	30	Band 1 Coastal	0.43~0.45	30
Band 2 Green	0.52~0.60	30	Band 2 Blue	0.45~0.51	30
Band 3 Red	0.63~0.69	30	Band 3 Green	0.53~0.59	30
Band 4 NIR	0.77~0.90	30	Band 4 Red	0.64~0.67	30
Band 5 SWIR 1	1.55~1.75	30	Band 5 NIR	0.85~0.88	30
Band 7 SWIR 2	2.09~2.35	30	Band 6 SWIR 1	1.57~1.65	30
Band 8 Pan	0.52~0.90	15	Band 7 SWIR 2	2.11~2.29	30
Band 6 TIR	10.40~12.50	30/60	Band 8 Pan	0.50~0.68	15
			Band 9 Cirrus	1.36~1.38	30
			Band 10 TIRS 1	10.6~11.19	100
			Band 11 TIRS 2	11.5~12.51	100

（表头：TM5-7 | TM8）

2.3　法国 Pleiades 卫星

Pleiades 是 SPOT 卫星家族后续的卫星名，属法国 Astrium（阿斯特里姆公司），是由 Pleiades 1A 和 Pleiades 1B 组成的一对（两颗）超高分辨率的数字成像卫星星座。两颗卫星的轨道高度相同，轨道夹角 180°，可以在每天都能观测到地球的任何一个角度，同时具有多倍成像功能，分辨率高达 50 cm 数量级。Pleiades 之后有 Spot 6 和 Spot 7 于 2012 年到 2014 年之间相继发射。具有相同的架构设计以及在同一个的轨道上运行，这个 4 颗卫星的星座将保证至少到 2023 年，能提供给我们响应速度更快，获取能力更强的 0.5 m 到 1.5 m 影像产品。

附表 2.3　Pleiades 卫星参数

波段名称	波谱范围/μm	分辨率/m
全色	0.480～0.830	0.50
蓝	0.430～0.550	2
绿	0.490～0.610	2
红	0.600～0.720	2
近红外	0.750～0.950	2

2.4　EOS 地球观测卫星

　　EOS(Earth Observation System)卫星是美国地球观测系统的简称,其主要的对地探测仪器中分辨率成像光谱仪(MODIS)对全世界以实时观测数据通过 X 波段直接广播。MODIS 仪器有 36 个离散光谱波段,光谱范围从 0.4 μm(可见光)到 14.4 μm(热红外)全光谱覆盖;MODIS 有 2 个通道空间分辨率可达 250 m,5 个通道为 500 m,29 个通道为 1 km;每条轨道的扫描宽度达到 2330 km,回归周期 1～2 d。可对地球环境、海洋表面特征、大气中的云、辐射和气溶胶预计辐射平衡等进行监测。第一颗 EOS-AM(Terra)卫星是 1999 年 12 月 18 日发射,第二颗 EOS-PM(Aqua)卫星是 2002 年 5 月 4 日发射。各通道光谱范围、主要用途、空间分辨率见附表 2.4。

附表 2.4　EOS/MODIS(中分辨率成像光谱仪)通道参数

通道	波长范围/μm	波段	分辨率/m	主要用途
1	0.620～0.670	可见光(Visible)	250	陆地/云边界
2	0.841～0.876	近红外(Near infrared)	250	
3	0.459～0.479	可见光(Visible)	500	陆地/云的属性
4	0.545～0.565	可见光(Visible)	500	
5	1.230～1.250	近红外(Near infrared)	500	
6	1.628～1.652	短波红外(Short infrared)	500	
7	2.105～2.155	短波红外(Short infrared)	500	
8	0.405～0.420	可见光(Visible)	1000	海洋水色/浮游植物/生物地球化学
9	0.438～0.448	可见光(Visible)	1000	
10	0.483～0.493	可见光(Visible)	1000	
11	0.526～0.536	可见光(Visible)	1000	
12	0.546～0.556	可见光(Visible)	1000	
13	0.662～0.672	可见光(Visible)	1000	
14	0.673～0.683	可见光(Visible)	1000	
15	0.743～0.753	可见光(Visible)	1000	
16	0.862～0.877	近红外(Near infrared)	1000	

通道	波长范围/μm	波段	分辨率/m	主要用途
17	0.890~0.920	近红外(Near infrared)	1000	
18	0.931~0.941	近红外(Near infrared)	1000	大气、水蒸气
19	0.915~0.965	近红外(Near infrared)	1000	
20	3.660~3.840	中波红外(Middle infrared)	1000	
21	3.929~3.989	中波红外(Middle infrared)	1000	
22	3.929~3.989	中波红外(Middle infrared)	1000	表面/云顶温度
23	4.020~4.080	中波红外(Middle infrared)	1000	
24	4.433~4.498	中波红外(Middle infrared)	1000	
25	4.482~4.549	中波红外(Middle infrared)	1000	大气温度
26	1.360~1.390	短波红外(Short infrared)	1000	卷云
27	6.535~6.895	中波红外(Middle infrared)	1000	
28	7.175~7.475	中波红外(Middle infrared)	1000	水蒸气
29	8.400~8.700	远红外(Far infrared)	1000	
30	9.580~9.880	远红外(Far infrared)	1000	臭氧
31	10.780~11.280	远红外(Far infrared)	1000	
32	11.770~12.270	远红外(Far infrared)	1000	地表/云顶温度
33	13.185~13.485	远红外(Far infrared)	1000	
34	13.485~13.785	远红外(Far infrared)	1000	
35	13.785~14.085	远红外(Far infrared)	1000	云顶高度
36	14.085~14.385	远红外(Far infrared)	1000	

2.5　SPOT 卫星

　　SPOT 系列卫星是法国空间研究中心(CNES)研制的一种地球观测卫星系统,至今已发射 SPOT 卫星 1~7 号。"SPOT"系法文 Systeme Probatoire d'Observation de la Terre 的缩写,意即地球观测系统。

　　SPOT 的一景数据对应地面 60 km×60 km 的范围,在倾斜观测时横向最大可达 91 km,各景位置根据 GRS(spot grid reference system)由列号 K 和行号 J 的交点(节点)来确定。各节点以两台 HRV 传感器同时观测的位置基础来确定,奇数的 K 对应于 HRV1,偶数的 K 对应于 HRV2。倾斜观测时,由于景的中心和星下点的节点不一致,所以把实际的景中心归并到最近的节点上。

　　SPOT 6 是能够以 1.5 m 全色和 6 m 多光谱(蓝色、绿色、红色、近红外)分辨率对地球进行成像的光学成像卫星,并将为客户在国防、农业、林业、环境中提供成像产品监测,并广泛应用于沿海监测、工程、石油、天然气和采矿业。

SPOT 6、SPOT 7 作为新一代的光学卫星分别于 2012 年 9 月 9 日和 2014 年 6 月 30 日成功发射,它们位于一个相同的轨道,提供覆盖大范围区域(幅宽 60 km)的 1.5 m 分辨率的产品。

附表 2.5　SPOT 卫星参数

波段名称	波谱范围/μm	分辨率/m
全色	0.455~0.745	1.50
蓝	0.455~0.525	6
绿	0.530~0.590	6
红	0.625~0.695	6
近红外	0.760~0.890	6

2.6　Sentinel(哨兵系列)

"哨兵"系列卫星是欧洲哥白尼(Copernicus)计划[之前称为"全球环境与安全监测"(GMES)计划]空间部分(GSC)的专用卫星系列,由欧洲委员会(EC)投资,欧洲航天局(ESA)研制。"哨兵"系列卫星主要包括 2 颗哨兵-1 卫星、2 颗哨兵-2 卫星、2 颗哨兵-3 卫星、2 个哨兵-4 载荷、2 个哨兵-5 载荷、1 颗哨兵-5 的先导星--哨兵-5P,以及 1 颗哨兵-6 卫星。

• 哨兵-1 卫星是全天时、全天候雷达成像任务,用于陆地和海洋观测,首颗哨兵-1A 卫星已于 2014 年 4 月 3 日发射。

• 哨兵-2 卫星是多光谱高分辨率成像任务,用于陆地监测,可提供植被、土壤和水覆盖、内陆水路及海岸区域等图像,还可用于紧急救援服务。

• 哨兵-3 卫星携带多种有效载荷,用于高精度测量海面地形、海面和地表温度、海洋水色和土壤特性,还将支持海洋预报系统及环境与气候监测。

• 哨兵-4 载荷专用于大气化学成分监测,将搭载在第三代气象卫星-S(MTG-S)上。

• 哨兵-5 载荷用于监测大气环境,将搭载在欧洲第二代"气象业务"(MetOp)卫星上。

• 哨兵-5P 卫星用于减小欧洲"环境卫星"(Envisat)和哨兵-5 载荷之间的数据缺口。

• 哨兵-6 卫星是贾森-3(Jason-3)海洋卫星的后续任务,将携带雷达高度计,用于测量全球海面高度,主要用于海洋科学和气候研究。

附表 2.6　Sentinel 卫星参数

Sentinel2 波段	中心波长/μm	分辨率/m	波谱范围/nm
Band 1 Coastal aerosol	0.443	60	20
Band 2-Blue	0.490	10	65
Band 3-Green	0.560	10	35
Band 4- Red	0.665	10	30
Band 5 Vegetation Red Edge	0.705	20	15
Band 6 Vegetation Red Edge	0.740	20	15
Band 7 Vegetation Red Edge	0.783	20	20
Band 8 NIR	0.842	10	115
Band 8A Narrow NIR	0.865	20	20
Band 9 Watervapour	0.945	60	20
Band 10 SWIR Cirrus	1.375	60	20
Band 11 SWIR	1.610	20	90
Band 12 SWIR	2.190	20	180

2.7　WorldView 卫星

　　WorldView 卫星是美国 Digitalglobe 公司的下一代商业成像卫星系统。目前已发射三颗卫星,WorldView-1 卫星于 2007 年 9 月 18 日发射成功,WorldView-2 卫星于 2009 年 10 月 8 日发射成功,WorldView-3 卫星于 2014 年 8 月 13 日发射成功。WorldView-2 卫星能提供独有的 8 波段高清晰商业卫星影像。

　　WorldView-3 卫星除了提供 0.31 m 分辨率的全色影像和 8 波段多光谱影像外,还提供 8 波段短波红外影像(目前提供的短波红外产品分辨率是 7.5 m)和 12 个 CAVIS 波段影像。这颗卫星具有目前世界上最高的分辨率,可以分分辨更小、更细的地物。

附表 2.7　WorldView 卫星参数

全色波段/μm			0.450~0.800		
8 个多光谱/μm			8 个短波红外/μm		
海岸	0.40~0.45	红	0.630~0.690	SWIR~1	1.195~1.225	SWIR~5	2.145~2.185
蓝	0.450~0.510	红	0.705~0.745	SWIR~2	1.550~1.590	SWIR~6	2.185~2.225
绿	0.510~0.580	近红外 1	0.770~0.895	SWIR~3	1.640~1.680	SWIR~7	2.235~2.285
黄	0.585~0.625	近红外 2	0.860~1.040	SWIR~4	1.710~1.750	SWIR~8	2.295~2.365

2.8　NPP 卫星

　　NPP(National Polar-orbiting Operational Environmental Satellite System Preparatory Project,是美国国家极轨业务环境卫星系统 NPOESS 预备项目的首颗星。星上携带的可见光红外成像辐射仪 VIIRS 是对 AVHRR 与 MODIS 的继承与发展。

VIIRS(Visible Infrared Imaging Radiometer)可见光红外成像辐射仪搭载卫星有 NPP 对地观测卫星,有 9 个(0.4～0.9 μm)可见光、近红外,8 个(1～4 μm)短、中波红外,4 个(8～12 μm)热红外和 1 个低照度条件下的可见光通道,共 22 个(0.3～14 μm)通道。星下点空间分辨率约 400 m,扫描带边缘空间分辨率约 800 m。扫描式成像辐射仪可收集陆地、大气、冰层和海洋在可见光和红外波段的辐射图像。它是高分辨率辐射仪 AVHRR 和地球观测系列中分辨率成像光谱仪 MODIS 系列的拓展和改进。VIIRS 数据可用来测量云量和气溶胶特性、海洋水色、海洋和陆地表面温度、海冰运动和温度、火灾和地球反照率。气象学家使用 VIIRS 数据主要是用来提高对全球温度变化的了解。各通道光谱范围、主要用途、空间分辨率见附表 2.8。

附表 2.8　NPP/VIIRS(可见光红外成像辐射仪)通道参数

通道序号	通道	波长范围/μm	波段	星下点空间分辨率/m	主要用途
1	I1	0.6～0.68	可见光(Visible)		云、植被和雪覆盖
2	I2	0.85～0.88	近红外(Near infrared)		云、植被和雪覆盖
3	I3	1.58～1.64	短波红外(Short infrared)	375	云、植被和雪覆盖
4	I4	3.55～3.93	中波红外(Middle infrared)		火、云
5	I5	10.5～12.4	热红外(Thermal infrared)		火、新鲜降雪
6	M1	0.402～0.422	可见光(Visible)		气溶胶、雪和反照率
7	M2	0.436～0.454	可见光(Visible)		气溶胶、雪、植被和反照率
8	M3	0.478～0.488	可见光(Visible)		气溶胶、植被和反照率
9	M4	0.545～0.565	可见光(Visible)		气溶胶、植被
10	M5	0.662～0.682	可见光(Visible)		气溶胶、植被、云和土壤湿度
11	M6	0.739～0.754	近红外(Near infrared)		热通量、海冰
12	M7	0.846～0.885	近红外(Near infrared)		气溶胶、植被、云和土壤湿度
13	M8	1.23～1.25	短波红外(Short infrared)		云、火、植被和土壤湿度
14	M9	1.371～1.386	短波红外(Short infrared)	750	云、热通量
15	M10	1.58～1.64	短波红外(Short infrared)		云、火、气溶胶和热通量
16	M11	2.23～2.28	短波红外(Short infrared)		云、火、植被
17	M12	3.61～3.79	中波红外(Middle infrared)		云、植被、总可降水量
18	M13	3.97～4.13	中波红外(Middle infrared)		云、植被、总可降水量
19	M14	8.4～8.7	热红外(Thermal infrared)		云、总可降水量
20	M15	10.26～11.26	热红外(Thermal infrared)		火、地表亮温、总可降水量
21	M16	11.54～12.49	热红外(Thermal infrared)		地表亮温、总可降水量
22	DNB	0.5～0.9	可见光(Visible)		云检测